普通高等教育软件工程类"十三五"规划教材

Java 平台项目设计与开发

解绍词　金　霜　杜伟奇　主编

科学出版社

北　京

内 容 简 介

本书内容共 14 章，分为两部分。其中，第 1~9 章为第一部分，基于 Java 平台标准版，主要面向个人 PC 桌面应用程序开发，介绍了 Java 语言基本语法、面向对象特性、多线程程序设计、输入输出和异常处理、集合与泛型、图形用户界面、网络通信编程、数据库编程等内容；第 10~14 章为第二部分，基于 Java 平台企业版，主要面向复杂的企业级应用，介绍了 JSP、Servlet、JavaBean、项目实训等内容。

本书可作为高等院校计算机、软件工程等专业的本科生专业课程、实训课程教材，也可作为相关培训教材，适合 Java 初学者和进阶者阅读。

图书在版编目(CIP)数据

Java 平台项目设计与开发 / 解绍词，金霜，杜伟奇主编. — 北京：科学出版社，2019.5（2019.12 重印）

ISBN 978-7-03-061054-6

Ⅰ. ①J⋯ Ⅱ. ①解⋯ ②金⋯ ③杜⋯ Ⅲ. ①JAVA 语言–程序设计
Ⅳ. ①TP312.8

中国版本图书馆 CIP 数据核字 (2019) 第 073238 号

责任编辑：李小锐 / 责任校对：彭 映
责任印制：罗 科 / 封面设计：墨创文化

科学出版社 出版
北京东黄城根北街16号
邮政编码：100717
http://www.sciencep.com

成都锦瑞印刷有限责任公司 印刷
科学出版社发行 各地新华书店经销

*

2019 年 5 月第 一 版 开本：787×1092 1/16
2019 年 12 月第二次印刷 印张：16 3/4
字数：381 000
定价：56.00 元
（如有印装质量问题，我社负责调换）

前　言

随着计算机及软件开发技术的发展，Java 作为面向对象、跨平台的编程语言，自 1996 年正式发布以来，现已成为 IT 领域里最受欢迎的主流编程语言之一。面向对象的 Java 语言具备"一次编程，处处运行"的能力，使其成为软件服务提供商和系统集成商用以支持多种操作系统和硬件平台的首选解决方案。

Java 语言由于具有语法简单、面向对象、应用领域广等特点，因此，它非常适合作为普通高等院校程序设计课程，尤其是面向对象程序设计课程的教学内容。本书内容针对 Java 2 平台标准版（Java2 Platform Standard Edition，Java SE）与 Java 2 平台企业版（Java2 Platform Enterprise Edition，Java EE）两个版本，采用循序渐进、由浅入深、概念与例程相结合的撰写方式，对结构的安排、例程的选择进行了充分考虑，以确保难度适中，更贴近于实用。

在学习本书之前，读者应具备基本的计算机操作基础，但不必具备编程基础。掌握一门语言最好的方式就是实践。本书的着眼点是将基础的理论知识讲解和实践应用相结合，使读者在理解面向对象的思想上，快速掌握 Java 编程技术。

本书作者由具有多年丰富教学经验和实践经验的一线教师组成。本书在总结作者多年教学和科研成果基础上，参考国内外 Java 先进程序设计思想及案例的基础上完成的，适合 Java 初学者和进阶者阅读。

目前市场上有关 Java 面向对象程序设计的图书很多，但本书有以下独到之处：

(1)内容组织合理。针对常用的 Java SE 与 Java EE 两个平台版本进行内容组织，强调知识的系统性、连贯性、实用性。基本概念、编程方法由易到难逐层展开，内容表达环环相扣，读者易学易用。

(2)强调面向对象的分析思路和设计思想。通过生动的实例阐明封装、继承、多态等相关概念，以典型的例子再现封装、继承、多态等的应用。

(3)详略得当。由于 Java 面向对象开发涉及知识面比较广，本书仅对关键部分进行详细介绍，其他部分点到为止，以使读者的注意力能够集中到关键环节。

(4)问题定义清晰，解题思路明确。对于比较复杂的案例，对其分析、设计过程及出现的问题都作了全面的介绍，把编程理论和编程实践完美地结合在一起。

(5)详尽的实现步骤。本书配有大量的实现过程截图和实现步骤说明，以便读者可以通过阅读自行完成项目开发。

本书共 14 章，内容包括：绪论，类与对象，继承与多态，多线程程序设计，输入输出和异常处理，集合与泛型，图形用户界面，网络通信编程，数据库编程，Web 应用程序开发基本知识，JSP 基础知识，Servlet，JavaBean 和 JSP 项目实训。其中，1～10 章由解绍词、杜伟奇编写，11～14 章由金霜编写，解绍词负责全书统稿。

由于时间仓促加上作者水平有限，书中实例虽然经过了多次测试，但难免出现不足之处，恳请广大读者给予批评指正。

目　　录

第1章　绪论 1

  1.1　面向对象程序设计 1

    1.1.1　面向对象程序设计思想的诞生 1

    1.1.2　面向对象的开发方法 1

    1.1.3　面向对象程序设计的三大特征 2

    1.1.4　面向对象的程序设计 6

  1.2　Java 概述 9

    1.2.1　Java 体系 9

    1.2.2　Java 语言特点 9

    1.2.3　Java 运作机制 12

    1.2.4　Java 程序的开发环境 13

  1.3　Java 语言基础 14

    1.3.1　关键字 14

    1.3.2　标识符 15

  1.4　Java 程序 16

    1.4.1　Java 程序组成 16

    1.4.2　Java 程序的开发步骤 17

    1.4.3　Java 程序分类 17

    1.4.4　简单的 Java 应用程序 17

    1.4.5　Java 应用程序的基本结构 21

    1.4.6　注释 22

  1.5　本章小结 22

第2章　类与对象 23

  2.1　类 23

    2.1.1　类的定义 23

    2.1.2　成员变量和局部变量 23

  2.2　对象 24

    2.2.1　对象的声明与创建 25

    2.2.2　对象的使用与销毁 26

  2.3　方法 27

    2.3.1　方法的声明 27

    2.3.2　方法重载 28

    2.3.3　构造方法 29

2.3.4 类方法和实例方法 29

2.4 静态成员 29

2.4.1 静态方法和静态变量 29

2.4.2 静态变量和常量 30

2.4.3 静态成员的访问 30

2.4.4 main()方法 32

2.4.5 Factory 方法 32

2.5 包和实用类 33

2.5.1 包 33

2.5.2 Java 标准包 35

2.5.3 实用类 36

2.6 封装 37

2.7 本章小结 40

第3章 继承与多态 42

3.1 Java 中的继承 42

3.1.1 继承概述 42

3.1.2 子类 43

3.1.3 super 关键字 44

3.1.4 继承性规则 47

3.1.5 方法的继承与覆盖 49

3.2 终止继承：final 类和 final 方法 52

3.2.1 final 类 52

3.2.2 final 方法 52

3.3 多态 53

3.3.1 多态举例 53

3.3.2 多态类型 54

3.4 本章小结 57

第4章 多线程程序设计 59

4.1 进程与线程 59

4.2 Java 线程类和接口 60

4.2.1 Thread 类 60

4.2.2 Runnable 接口 62

4.3 线程调度与控制 64

4.3.1 线程状态 64

4.3.2 线程调度 65

4.3.3 线程控制 66

4.4 线程的同步机制 67

4.5 本章小结 69

第 5 章　输入输出和异常处理 71

  5.1　数据流概述 71

    5.1.1　I/O 流的概念 71

    5.1.2　Java 数据流类 71

  5.2　字节流与字符流 73

    5.2.1　字节流 73

    5.2.2　字符流 77

  5.3　文件操作 80

    5.3.1　File 类 80

    5.3.2　File 类的使用 82

  5.4　对象流 83

  5.5　异常处理 86

    5.5.1　异常类 86

    5.5.2　异常处理机制 86

    5.5.3　抛出异常 88

    5.5.4　异常处理的缺点 89

    5.5.5　断言 89

  5.6　本章小结 90

第 6 章　集合与泛型 92

  6.1　集合 92

    6.1.1　集合概述 92

    6.1.2　Collection 接口 94

    6.1.3　Iterator 接口 95

    6.1.4　Set 接口 96

    6.1.5　List 接口 99

    6.1.6　Map 接口 101

  6.2　泛型 104

    6.2.1　泛型概述 104

    6.2.2　引入泛型 104

    6.2.3　类型通配符 105

    6.2.4　泛型上限 106

  6.3　本章小结 107

第 7 章　图形用户界面 108

  7.1　图形用户界面概述 108

    7.1.1　概述 108

    7.1.2　Swing 与 AWT 108

  7.2　Swing 图形用户界面 110

7.2.1 框架 110

7.2.2 面板 112

7.2.3 标签 114

7.2.4 按钮 115

7.3 界面布局 116

7.3.1 FlowLayout 布局 116

7.3.2 BorderLayout 布局 117

7.3.3 GirdLayout 布局 118

7.3.4 CardLayout 布局 119

7.4 常用控件及事件响应 120

7.4.1 控件概述 120

7.4.2 常用控件 121

7.4.3 事件响应 124

7.5 本章小结 127

第 8 章 网络通信编程 129

8.1 Java 网络编程概述 129

8.1.1 TCP/IP 协议族简介 129

8.1.2 Socket 套接字 130

8.1.3 Java 网络通信机制 131

8.2 URL 类及相关类 132

8.2.1 URL 类 132

8.2.2 URLConnection 类 134

8.3 Socket 套接字编程 136

8.3.1 网络地址 InetAddress 类 136

8.3.2 Socket 通信 137

8.4 数据报编程 142

8.4.1 数据报简介 142

8.4.2 DatagramSocket 和 DatagramPacket 142

8.5 本章小结 144

第 9 章 数据库编程 145

9.1 Java 数据库编程概述 145

9.1.1 JDBC 简介 145

9.1.2 JDBC 的层次及其重要性 145

9.1.3 JDBC 与 ODBC 的比较 146

9.1.4 JDBC 驱动程序的类型 147

9.2 JDBC 主要类与接口 149

9.3 JDBC 数据库访问操作 152

9.4 本章小结 156

第 10 章　Web 应用程序开发基本知识 157

10.1　Web 应用程序的运行原理 157
10.2　Web 服务器汇总 157
10.3　Web 应用程序开发 158
　　10.3.1　C/S 与 B/S 架构 158
　　10.3.2　动态页面语言对比 159
10.4　本章小结 160

第 11 章　JSP 基础知识 161

11.1　环境准备 161
　　11.1.1　安装 Tomcat 161
　　11.1.2　安装 MyEclipse 165
　　11.1.3　配置 MyEclipse 165
11.2　编写第一个 JSP 程序 168
　　11.2.1　建立 Web 项目 168
　　11.2.2　JSP 目录结构 169
　　11.2.3　解读 web.xml 170
　　11.2.4　编写 JSP 页面 170
　　11.2.5　发布 Web 项目 171
11.3　JSP 语法 172
　　11.3.1　JSP 注释 172
　　11.3.2　JSP 声明 174
　　11.3.3　JSP 表达式 174
11.4　编译指令和动作标签 175
　　11.4.1　JSP 指令 175
　　11.4.2　JSP 动作标签 177
11.5　JSP 的内置对象 178
　　11.5.1　request 对象 178
　　11.5.2　response 对象 179
　　11.5.3　session 对象 179
　　11.5.4　application 对象和 pageContext 对象 180
　　11.5.5　out 对象 180
11.6　本章小结 181

第 12 章　Servlet 182

12.1　Servlet 简介 182
12.2　Servlet 代码结构 182
12.3　Servlet 配置 183
12.4　Servlet 读取表单数据 184

12.5　本章小结 186

第 13 章　JavaBean 187

13.1　JavaBean 简介 187
13.2　JavaBean 开发要求 187
13.3　用标签操作 JavaBean 188
13.4　用 JavaBean+Servlet 实现简单的登录 189
13.5　本章小结 194

第 14 章　JSP 项目实训 195

14.1　项目需求 195
14.1.1　项目功能图 195
14.1.2　项目功能说明 195
14.2　项目设计 196
14.2.1　项目用例图 196
14.2.2　项目流程图 197
14.3　项目数据库设计 198
14.4　系统实现 200
14.4.1　数据库实现 200
14.4.2　设计公共模块 204
14.4.3　搭建前后台页面 209
14.4.4　普通会员首页数据显示实现 220
14.4.5　用户登录功能实现 225
14.4.6　物流动态管理功能实现 229
14.4.7　物流知识管理功能实现 237
14.4.8　进入后台页面 239
14.4.9　货物信息管理功能实现 240
14.4.10　车辆信息管理功能实现 242
14.4.11　企业信息 244
14.4.12　后台物流动态管理功能实现 246
14.4.13　后台物流知识管理功能实现 248
14.4.14　后台货物管理功能实现 249
14.4.15　后台车辆管理功能实现 251
14.4.16　后台企业管理功能实现 252
14.4.17　后台公告管理功能实现 253
14.4.18　后台会员管理功能实现 255
14.5　本章小结 256
参考文献 257

第1章 绪 论

1.1 面向对象程序设计

1.1.1 面向对象程序设计思想的诞生

随着软件复杂度的提高，以及互联网的迅猛发展，原先面向过程的软件开发方式已经越来越无法满足软件开发的需要，面向对象的软件开发模式应运而生。作为应对软件危机的最佳对策，目前面向对象(object oriented，OO)技术已经引起人们的普遍关注。许多编程语言都推出了面向对象的新版本，一些软件开发合同甚至指明必须使用基于 OO 的技术和语言。下面简要列出 OO 技术的发展历程。

(1)诸如"对象"和"对象的属性"这样的概念，可以追溯到 20 世纪 50 年代初，首先出现于早期关于人工智能的著作中。直至 1966 年，具有当时更高级抽象机制的 Simula 语言的开发代表了 OO 技术的实际发展。

(2)Simula 语言提供了比子程序更高一级的抽象和封装，并且为仿真一个实际问题，引入了数据抽象和类的概念。20 世纪 70 年代一些科学家吸取了 Simula 类的概念，开发出了 Smalltalk 语言。

(3)几乎在同时，"面向对象"这一术语被正式确定。在 Smalltalk 中一切都是对象，即某个类的实例。最初的 Smalltalk 世界中，对象与名词联系紧密。

(4)Smalltalk 语言还影响了 20 世纪 80 年代早期和中期的很多面向对象语言，如 Objective-C(1986 年)、C++(1986 年)、Flavors(1986 年)、Self(1987 年)、Eiffel(1987 年)。同时，面向对象的应用领域也被进一步拓宽，对象不再仅仅与名词相联系，还涉及事件和过程。

(5)随着互联网的迅猛发展，Sun 公司于 1995 年推出了纯面向对象的 Java 语言。自此之后，OO 技术在开发中越来越占主导地位。

1.1.2 面向对象的开发方法

目前，面向对象开发方法的研究的成熟度越来越高，国际上已有不少面向对象的产品出现。面向对象的开发方法有 Booch 方法、Coad 方法和 OMT 方法等。

1. Booch 方法

Booch 方法最先描述了面向对象软件开发方法的基础问题，指出面向对象开发是一种在本质上区别于传统的功能分解的设计方法。面向对象的软件分解跟人对客观事务的理解更加接近，而功能分解只通过问题空间的转换获得。

2. Coad 方法

Coad 方法是 1989 年由 Coad 和 Yourdon 提出的面向对象开发方法。该方法的主要优点是通过多年来大系统开发的经验与面向对象概念的有机结合，在对象、结构、属性和操作的认定方面，提出了一套系统的原则。该方法完成了从需求角度进一步进行类和类层次结构的认定。尽管 Coad 方法没有引入类和类层次结构的术语，但事实上已经在分类结构、属性、操作、消息关联等概念中体现了类和类层次结构的特征。

3. OMT 方法

1991 年，由 James Rumbaugh 在《面向对象的建模与设计》一书中提出了 OMT 方法，该方法是一种新兴的面向对象的开发方法，对真实世界的对象建模可以说是开发工作的基础所在，然后围绕这些对象使用分析模型来进行独立于语言的设计。面向对象的建模和设计促进了对需求的理解，有利于开发更清晰、更容易维护的软件系统。该方法为大多数应用领域的软件开发提供了一种实际的、高效的保证，是努力寻求一种问题求解的实际方法。

4. 统一建模语言

软件工程领域在 1995～1997 年取得了前所未有的进展，其成果超过了软件工程领域过去 15 年的成就总和，其中最重要的成果之一就是统一建模语言(unified modeling language，UML)的出现。UML 将是面向对象技术领域内占主导地位的标准建模语言。

UML 不仅统一了 Booch 方法、OMT 方法、OOSE 方法的表示方法，而且对其作了进一步的发展，最终统一为大众接受的标准建模语言。UML 是一种定义良好、易于表达、功能强大且普遍适用的建模语言。它融入软件工程领域的新思想、新方法和新技术。它的作用域不仅仅限于支持面向对象的分析与设计，还支持从需求分析开始的软件开发全过程。

1.1.3　面向对象程序设计的三大特征

学习程序设计语言的关键在于学习其编程思想。这一点，从 Bruce Eckel 的 *Thinking in Java* 一书中可以体会到。那面向对象语言的编程思想体现在哪儿呢?怎样真正地"Thinking in Java"，而不仅仅是"Programming in Java"呢?起点就在于其三大特征——封装、继承、多态。

有人认为采用封装、继承、多态语法写出一个 Java 程序，就完全掌握了面向对象语言。恐怕这只能说仅仅学会了用 Java 语法写程序而已。事实上，封装、继承、多态是一种设计理念、一种程序艺术，与程序语言毫无关系。如果真正透彻地理解了这三大特征的真谛，即使不用 C++、Java、Objective-C 等面向对象的语言，用 C 语言也能写出面向对象的程序。在面对一个项目时，有经验的开发者可以立刻在脑海里构思出怎样从软件角度设计它，如何将类与类之间关联起来，怎样用封装、继承、多态等机制勾画出程序的基本架构，以及优化程序架构。至于一些细节问题，如采用什么语言，C++还是 Java，从语法上怎样来实现，这些都不是关键，毕竟语言只不过是程序设计思想的一种表现形式而已。

当然，要达到这种集设计与编程为一体的境界，还需要脚踏实地、稳扎稳打地从编程中逐步提高，在实践中成长。

本书将把这三大特征的设计理念作为一条主线，一步一步贯穿到后面的"类与对象""继承与多态"章节中，以实例的方式逐步、详细地讲解这三大特征在程序设计中是如何体现的，该怎样去运用它们。下面简单介绍这三大特征。

1. 封装

封装，即将对象的数据和基于数据的操作封装成一个独立性很强的模块。封装是一种信息隐蔽技术，使得用户只能见到对象的外特性，而不能见到对象的内特性。封装的目的就是将对象的使用者和所有者分开，使用者不必知道对象的内部细节，只需通过对象所有者提供的通道来访问对象。

通俗地解释就是，把对象不需要对外提供的数据隐藏起来，对外形成一道屏障。数据如何隐藏、隐藏在哪儿?答案是隐藏在类里，基于数据的操作也隐藏在类里。这样一来细节都能隐藏起来。那如果外界想对封装的数据进行访问该怎么办呢？这时就需要借助于对象定义的公共接口，这种公共接口就如同与外界沟通的一个桥梁。以下举例说明封装的概念。如果你是"学生"这个类的一个对象，具有姓名、性别、学号、英语成绩、C 语言成绩、高数成绩等数据，一般来说，这些都是你的私有信息，别人无权知道。如果班长要统计全班成绩并排名又如何操作呢?这时就需要得到你的允许，即把成绩公开。可以定义一个公有的方法，如 getGrade()，通过这个方法访问你的某些私有数据，班长就可以得到他需要的成绩，当然，他不需要的信息仍然封装在类里，没有必要公开。

又如另一个对象封装的例子，图 1-1 中椭圆形表示数据(属性)、矩形表示操作(方法)，公司里的一个部门就是一个对象，三个对象有其封装好的数据及对数据的操作(方法)。以财务部为例，财务数据属于隐蔽信息，如果销售部门想看财务数据，一般是不允许的，但经上级批准，也可以通过公有的接口方法"管理财务"操作来实现。

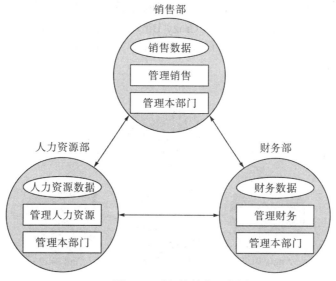

图 1-1 对象的封装示意图

2. 继承

继承，也就是在现有类的基础上创建新类，并在其中添加新的属性和功能。现有类与新类之间是一种一般与特殊的关系，现有类具有该类及其新类的共同特征，而新类还具有一些特殊特征。

类的封装引出继承的概念。日常生活中的类通常可以再派生出新类，如人类可分为白种人、黄种人、黑种人子类；交通工具类可分为轿车、卡车、公共汽车等子类。可以说这就是面向对象最大的优点，而代码重用的主要方式就是继承(后续章节还会提到代码重用的其他方法)。继承是在封装的基础上实现的，前面提到最好把一个封装好的类放在一个.java文件里，这么做的目的是出于方便类的重用，可以直接在这个类的基础上派生出子类。该子类可以使用现有类的所有功能，并在无须重新编写现有类的情况下对这些功能进行扩展。试想要设计一个关于狗的卡通(cartoon)程序，首先想到的是定义一个CartoonDog类，原先定义的Dog类已经具有了普通狗的特征，就没有必要再从头写代码，可以直接继承Dog类，在此基础上添加一些卡通的特性，生成一个新的CartoonDog类，既省时又省力。

Java语言中通过继承创建的新类称为"子类"或"派生类"，被继承的类称为"基类"、"父类"或"超类"。继承的过程就是从一般到特殊的过程。在继承过程中子类继承了父类的特性，包括方法和变量；子类也可修改继承的方法或增加新的方法，使之更适应特定要求。继承使代码可以重用，使得数据、方法的大量重复定义在一定程度上得以避免，使系统的可重用性得到了保证，促进了系统的可扩充性，同时也使程序结构清晰、易于维护，提高了编程效率。

下面以《愤怒的小鸟》游戏为例。假如你是此游戏的开发者，当游戏版本不断更新，如Angry Bird、Space Angry Bird、Crazy Bird……如果游戏的每一个版本都从头开始开发，重复劳动、开发时间加长、效率低下等问题都不可避免，而采用面向对象的设计就是一种比较好的解决方案。

图1-2展现了小鸟类的继承关系，设计Bird类为一个基类，具有普通鸟的特征，在Bird类的基础上派生出了Angry Bird、Crazy Bird、Kind Bird。这些派生出的子类继承了Bird类的所有功能，同时又具备各自一些新的特性。重用原有的Bird代码，不失为一种提高开发效率的好方法。

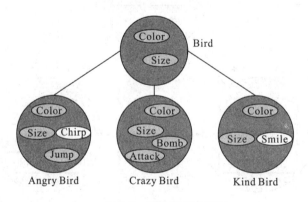

图1-2　类的继承示意图

3. 多态

多态，即在一个程序中同名的不同方法可以共存，子类的对象可以响应同名的方法，但具体的实现方法不同，完成的功能也不同。

从字面上理解"多态"稍有难度。事实上，"多态"源于现实生活。如生活中常提到"打"这个动词，它可以组词为"打捞""打扫""打架"等，这就是"多态"，同一个"打"的行为有不同的反映。多态就是同一个方法可以用来处理多种不同的情形。在程序中，"多态"可以理解为父类与子类都有的一个同名的方法，针对继承关系下不同对象可以采取不同的实现方式。

再以《愤怒的小鸟》游戏为例，如图 1-3 所示，功能"Shoot"是三个类都具有的，以射向隐藏好的小鸟。Angry Bird 和 Crazy Bird 的对象，如红色鸟、小蓝鸟、白鸟，同样都具有"Shoot"功能。然而它们发射后执行的方式与效果是截然不同的，小蓝鸟弹出后分离出攻击力更强的三只小鸟，白鸟弹出后会像炸弹一样爆炸，这就是程序中的多态。需要注意的是，多态是以继承为基础的，只有继承关系下的类才具有多态特性。

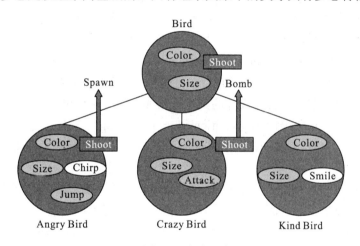

图 1-3　多态示意图

那么，多态到底有什么作用呢?由上述可知，一些实现细节可通过封装隐藏起来，使得代码模块化；继承可以扩展已存在的代码模块(类)。它们的目的都是为了代码重用。继承虽然已经扩展了功能，但还不够丰富，多态的引入就是要在继承的基础上进一步实现变异的可能性，增强程序的可扩展性。简单地说，就是一种方法多种实现。

那么，如果不用多态，简单地把 3 个 Shoot 重新命名为"Birdshoot""Angrybirdshoot""Crazybirdshoot"，同样也可以达到目的。在继承关系层次简单的情况下多态的优越性是无法体现的。在继承关系复杂的情形下，假设《愤怒的小鸟》接二连三地派生出不同的版本，如 PC 版、季节版、手机版、PC 版 2、季节版 2 等，如果同一个游戏开发小组的成员每人承担其中一个版本的工作，都需要实现一个"Shoot"的功能，组长负责最后的版本整合。试想如果"Shoot"的命名不一样，组长就得牢牢记住每个人的"Shoot"方法名，如"Birdshoot""Angrybirdshoot""Crazybirdshoot""Angrybirdshoot2""Crazybirdshoot3"……

以便在他的整合程序里调用。方法名少时还好处理，如果数量较多时，不仅容易记错名字，而且将极大地提高工作难度。所以，他最大的希望就是大家在开发前定好规矩，都统一命名为"Shoot"，然后把"Shoot"的定义与具体实现分离开来。无论组员怎样去实现，如何扩展程序，与他都没有关系，他只管关心"Shoot"这个公共接口，只需记住"Shoot"这个词，无须考虑实现的细节，执行时就能够自动调用所有子类的"Shoot"功能。同时，组员们只管写自己的程序。这时，多态就是最好的解决方案。可见，多态使面向对象语言具有了灵活性、扩展性、代码共享的特征，把继承的优势发挥得淋漓尽致。

1.1.4 面向对象的程序设计

面向对象的软件开发是一项巨大的工程，也是一门专业学科，仅仅依靠学习语法知识就立即进行代码编写是无法达到开发要求的。在实际软件开发过程中，面向对象的软件开发需要经历一个从需求分析、设计、编程、测试到维护的生命周期，需将面向对象的思想渗透软件开发的各个方面。以下简要介绍面向对象软件开发的几个基本流程。

第一阶段：面向对象需求分析(object oriented analysis，OOA)，需要系统分析员对用户的需求做出分析和明确的描述。包括从客观存在的事物和它们之间的关系归纳出有关的类以及它们之间的关系，并将具有相同属性和行为的对象用一个类来表示。

第二阶段：面向对象设计(object oriented design，OOD)，在需求分析的基础上，对每一部分进行具体的设计。首先是类的设计，可能包括多个层次，利用继承和组合等机制设计出类的层次关系；然后将程序设计的具体思路和方法一一列出。

第三阶段：面向对象编程(object oriented programming，OOP)，选用适当的面向对象编程语言(如 C++、C#、Objective-C 或 Java)和开发工具，设置开发环境进行代码的编写工作。

第四阶段：面向对象测试(object oriented test，OOT)，对程序进行严格的测试，包括单元测试、集成测试及系统测试等。最后还要对程序进行维护管理。

面向对象的需求分析是一个比较烦琐、漫长的过程，主要包括与用户沟通交流、收集信息、整理需求等过程。相关的软件工程课程会有详细的讲解。

本节主要讲述如何根据面向对象需求分析结果，将类与类之间的联系找出来，用 UML 设计出类的层次结构。这部分设计是编程的基础，只有理解类设计的主导思想，设计出清晰、合理、扩展性强的类结构，才能完成好面向对象程序的编写。在实际软件开发中，开发人员在编写代码之前，进行面向对象设计工作是必不可少的步骤。

1. 类的建模

通常使用统一建模语言(UML)来设计类的结构，它不是编程语言而是为计算机程序建模的一种图形化"语言"。所谓"建模"就是勾画出工程的蓝图，就像盖房子需要首先设计出房子的模型一样，软件工程"建模"就是在考虑实际的代码细节之前，用 UML 图示将程序结构在很高的层次上表示出来。UML 除了能帮助进行程序的结构设计外，对程序具体工作流程的理解也是非常有帮助的。因为对于大型的程序，仅仅看源代码就想弄清各部分之间的联系还是有一定难度的，而 UML 提供了一种直观的方法让我们了解程序概貌，并能描述程序的主要部分、它们是如何一起工作的以及工作的流程是怎样的。事实上，从文档管理、测试到维护，UML 在软件开发的所有阶段都是有用的。而且，从公司项目管理的角度考虑，UML 也是规范项目管理的一种行之有效的好方法。

IBM 公司的 Rational Rose、Together、MyEclipse 等都是比较常用的建模工具。当然用微软公司的 Visio 也能画出图，而且使用比较简单。表 1-1 列出了 UML 中最重要的 9 种类图。

表 1-1　UML 的 9 种类图

图名	说明
类图（class diagram）	表示类之间的关系
对象图（object diagram）	表示特定对象之间的关系
时序图（sequence diagram）	表示对象之间在时间上的通信
协作图（collaboration diagram）	按照时间和空间顺序表示对象之间的交互和它们之间的关系
状态图（state diagram）	表示对象的状态和响应
用例图（usercase diagram）	表示程序用户如何与程序交互
活动图（activity diagram）	表示系统元素的活动
组件图（component diagram）	表示实现系统组件的组织
配置图（deployment diagram）	表示环境的配置

UML 有两套建模机制：静态建模机制和动态建模机制。静态建模机制包括用例图、类图、对象图、组件图和配置图，用于需求分析阶段，反映了程序的功能需求。动态建模机制包括消息、状态图、时序图、协作图、活动图，反映了程序运行过程中对象的状态以及它们之间的交互等动态信息。

2. 类的层次结构设计

类的层次结构代表了类与类之间的关系，包括有多少个类、它们之间的关系是什么、是如何关联的等。如《愤怒的小鸟》游戏，我们可以很直观地分析出至少有两个类："小鸟"类和"绿猪"类。"小鸟"类还可以分成几种具有不同功能的子类，如"白鸟"类、"蓝鸟"类、"红鸟"类，而"小鸟"类的行为又影响着"绿猪"类。这就是经过面向对象设计初步得出的类的层次结构。

从程序设计的层面上看，类和类之间的关系包括泛化、依赖、关联、聚合和组合。理解这些类的关系，然后依据这些关系进行类的层次结构设计，对代码组织结构的优化非常有帮助。

1）泛化

泛化关系就是继承，即找出现有的一个类或者若干个类共同的属性或者方法，构造出一个一般类，其他的凡是具有该一般类特征并且还有自身一些特殊特征的类为特殊类。一般类和特殊类之间的关系就是继承。一般类也就是父类，特殊类都是它的子类。这种关系就是通常所说的"is-a"关系。例如，一个 Button 类继承 Control 类，那就是说 a Button is a Control，那么 Control 类的属性和方法就被 Button 类继承。父类与子类之间一般具有"直系亲属"关系。不同的程序设计语言使用的继承机制也有所差别。Java 只支持单继承，也就是一个子类只能有一个父类，不支持多重继承（一个子类有若干个父类）；C++支持多继承。继承的语法内容将在第 3 章进行更为详细的讲述。Control 类与 Button 类的 UML 类图如图 1-4 所示。

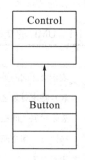

图 1-4　泛化关系的 UML 类图

2）依赖

依赖关系可以简单理解为一个类 A 使用到了另一个类 B，并且这种使用关系具有偶然性，但是类 B 是独立的，类 B 的变化会对类 A 造成一定影响，是一种"use-a"关系，并且依赖关系较弱。也就是类 A 并不是一直使用到类 B，它们之间的关系是偶然的、临时的。比如，某个装修工人要去铲掉墙面的油漆，需要使用工具，那么依赖关系就存在于装修工人和工具之间。UML 类图中，类 A 与类 B 之间的依赖关系用一个虚线箭头表示，如图 1-5 所示。

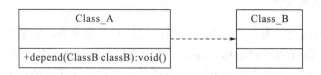

图 1-5　依赖关系 UML 类图

3）关联

关联是类与类之间的一种强依赖关系，这种关系不是临时的，是一种长期的语义关系。关联不仅仅局限于单向的，也可以是双向的。如教师类与学生类之间的关系、丈夫与妻子之间的关系、产品类与用户类的关系。表现在 Java 代码层面，被关联类 B（产品类）的对象作为关联类 A（用户类）的一项属性被使用，也可能是关联类 A 引用了一个类型为被关联类 B 的全局变量。

UML 类图中，类 A 与类 B 的关联关系用一个实线箭头表示，如图 1-6 所示。

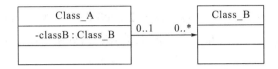

图 1-6 关联关系 UML 类图

4) 聚合

聚合是关联的一种特殊形式，体现的是类和类之间整体与局部的关系，即 "has-a" 关系。它们彼此独立，但又保持长期的联系，一般是一对多的关系。比如，厨房类与烤箱类就是这种 "has-a" 关系，即使厨房类的生命周期结束，烤箱类还可以用于别的类，如面包房类。在代码层面上与关联关系一样，聚合关系中也通常把局部类(烤箱)的对象作为整体类(厨房)的属性来使用。在代码层面上，聚合关系与关联关系一样，两者的区别只能体现在语义上。

UML 类图中，整体类与局部类的聚合关系用实线加空心菱形表示，如图 1-7 所示。

图 1-7 聚合关系 UML 类图

1.2 Java 概 述

面向对象编程语言有 C++、Objective-C、Java 等。作为一种可以编写跨平台应用软件的面向对象程序设计语言，Java 仍然是最流行的编程语言之一。

1.2.1 Java 体系

Java 分为三个体系：Java 平台标准版(Java 2 platform standard edition，J2SE)、Java 平台企业版(Java 2 platform enterprise edition，J2EE)和 Java 平台微型版(Java 2 platform micro edition，J2ME)。2005 年 6 月，JavaOne 大会召开，在这次 10 周年大会上，Java 的各种版本已经更名以取消其中的数字 "2"：J2SE 更名为 Java SE，J2EE 更名为 Java EE，J2ME 更名为 Java ME。

(1) Java SE 是用于工作站、PC 的 Java 标准平台。它是允许开发和部署在桌面、服务器、嵌入式环境和实时环境中使用的 Java 应用程序，并为 Java EE 提供基础。在 Java 2 平台 JDK 1.2 发布之后，Sun 公司又相继发布了 J2SDK 1.3 和 J2SDK 1.4 版。2004 年，JDK 1.5 版发布，同时 JDK 1.5 改名为 J2SE 5.0。2006 年底发布了 JDK 6.0。2011 年 7 月，JDK 7.0 正式发布。2014 年 3 月 19 日，JDK 8.0 正式发布。2017 年 9 月 21 日，JDK 9.0 正式发布。2018 年 3 月 21 日，JDK 10.0 正式发布。美国当地时间 9 月 25 日，Oracle 官方宣布 Java 11.0 (18.9 LTS) 正式发布，可在生产环境中使用。Java 11.0 将会获得 Oracle 提

供的长期支持服务，直至 2026 年 9 月。Java 2 标准平台体现了 Sun 公司的开放精神，被称为"互联网上的世界语"，公布于互联网上供大家免费使用，甚至连代码也不保密，可以在网上免费下载。

（2）Java EE 是可扩展的企业级应用 Java 2 平台，该版本能够帮助开发和部署可移植、健壮、可伸缩且安全的服务器端 Java 应用程序。Java EE 是在 Java SE 的基础上构建的，它提供 Web 服务、组件模型、管理和通信 API，可以用来实现企业级的面向服务体系结构（Service-Oriented Architecture，SOA）和 Web 3.0 应用程序。1999 年 6 月，SUN 发布了 J2EE 版本。2001 年 9 月 J2EE1.3 发布，2005 年 6 月 J2EE 更名为 Java EE，2009 年 12 月 Java EE 6 发布。目前最高版本为 Java EE 8。2018 年 3 月，开源组织 Eclipse 基金会宣布，Java EE 被更名为 Jakarta EE。

Java EE 是分布式企业软件组件架构的规范，具有 Web 性能，以及更高的灵活性、简化的集成性、便捷性和 J2EE 服务器之间的互操作性。目前已有多家取得 Java EE 技术许可的公司推出了基于 Java EE 技术的兼容性产品。这些公司通过了 Java EE 兼容性测试中的各项测试，且 Java EE 技术品牌中的所有要求都得到了最大限度的满足。

（3）Java ME 是用于嵌入式 Java 消费的电子平台，是为机顶盒、移动电话、个人数字助理（PDA）等嵌入式消费电子设备提供的 Java 语言平台，包括虚拟机和一系列标准化的 Java API。2000 年 12 月，Sun 公司宣布，将推出 Java 2 平台 Micro（J2ME）开发版和使用于 Palm OS 平台的 MID（mobile information device）规范概要。这些新品的推出将使数百万 Java 技术开发人员更容易为通用的 Palm OS 平台创建应用程序。此外，Sun 和 Palm 公司还将通过 JCP（Java Community Process）项目与业界的其他专家一起为 PDA 确定编程接口的技术规范。开发者因能把他们的 Java 技术经验用在 Palm OS 平台上配置解决方案而受益，终端用户因能采用 Java ME 编写的应用程序获得新的解决方案而受益。有了相对于 Palm OS 平台的 Java 技术发展规划，开发商们将会拥有标准化的适用于业界应用的解决方案。

1.2.2　Java 语言特点

1. 简单性

Java 是一种面向对象的语言，通过提供最基本的方法来完成指定任务。只需理解一些基本的概念，就可以用它编写出适合于各种情况的应用程序。Java 略去了运算符重载及多重继承等模糊概念，并且通过实现自动无用信息收集，在很大程度上简化了程序员的内存管理工作。另外，Java 也适合于在小型机上运行。基本解释器及类的支持只有 40kB 左右，加上标准类库和线程的支持也只有 215kB 左右。

2. 面向对象

Java 语言的设计集中于对象及接口，提供了简单的类机制及动态的接口模型，对象中封装了状态变量及相应的方法，实现了模块化和隐藏；类则提供了类对象的原型，并且通过继承机制，子类可以使用父类所提供的方法，使代码复用得以顺利实现。

3. 分布式

Java 是为 Internet 的分布式环境而设计的，因此它能处理 TCP/IP。事实上，通过 URL 地址访问资源与直接访问一个文件的差别并不明显。Java 还支持远程方法调用(remote method invocation，RMI)，使程序能够跨网络调用方法。

4. 可靠性

Java 在编译和运行程序时，均检查可能出现的问题，使错误得以顺利消除。Java 提供自动无用信息收集来管理内存，防止程序员在管理内存时产生错误。通过集成的面向对象的异常处理机制，在编译时 Java 会提示未被处理但又可能出现的异常，帮助程序员正确地选择以防止系统崩溃。另外，Java 在编译时还可以捕获类型声明中的许多常见错误，防止动态运行时出现不匹配问题。

5. 安全性

用于网络及分布环境下的 Java 必须要防止病毒入侵。Java 不支持指针，一切对内存的访问都必须通过对象的实例变量来实现，从而可以防止程序员使用木马等欺骗手段访问对象的私有成员，同时也能很好地避免由于指针误操作而产生的错误。

6. 可移植性

由于 Java 具有平台无关的特性，因此 Java 程序可以方便地移植到网络上的不同机器中。同时，Java 类库中也实现了与平台无关的接口，使得类库能够顺利移植。此外，Java 编译器由 Java 语言实现，Java 运行时系统由标准 C 语言实现，从而使 Java 本身也具有可移植性。

7. 平台无关性

Java 解释器生成与体系结构无关的字节码指令，只要安装了 Java 运行时系统，Java 程序即可在任意的处理器上运行。这些字节码指令和 Java 虚拟机中的表示是一一对应的关系，Java 解释器得到字节码后对其进行转换，使之能够在不同的平台上运行。

8. 解释执行

Java 解释器直接解释执行 Java 字节码，字节码本身携带了许多编译信息，使得连接过程更加简单。

9. 高性能

Java 字节码的设计使之能够很容易地直接转换成对应于特定 CPU 的机器码，从而得到较高的性能。

10. 多线程

多线程机制使应用程序能够并发执行多线程，程序员可以分别用不同的线程完成特定的行为，而没有必要采用全局事件循环机制，这样就能很容易地实现网络上的实时交互行为。

11. 动态性

Java 程序带有多种运行时类型信息，用于在运行时校验和解决对象访问问题。这使得有机会实现在一种安全、有效的方式下动态地链接代码，同时对 Applet 环境的健壮性也十分重要，因为在运行的系统中，可以动态地更新字节码内的小段程序。

1.2.3 Java 运作机制

一些编程语言（如 C++）的编译器是根据源文件，直接输出可执行的 EXE 文件。与之相比，Java 编译器的输出并不是可执行的代码，而是字节码（byte code）。

所谓字节码，是一套能在 Java 虚拟机下执行的高度优化的指令集，在内存中也只不过是 1010 等这样的字节编码。Java 虚拟机（java virtual machine，JVM）从其表现形式看，是一个字节码解释器，即可以解释执行字节码定义的动作；从操作系统的级别层次看，它是构架在不同操作系统上的，能屏蔽不同操作系统差异的基于软件的平台。虚拟机能保证用户看到其注重的代码的运行结果，而向用户屏蔽其不关心的代码在不同操作系统中的执行细节。这点类似于在安装完声卡的驱动程序后，Windows 操作系统只向用户展示声卡的发声效果，而不是声卡的工作方式。

将 Java 程序解释成字节码，而不是最终的面向具体操作系统的可执行文件，可以让它运行在不同平台的虚拟机上。事实上，只要在各种操作系统上都安装不同的 Java 虚拟机就可以做到这点。所以，在特定的操作系统中，只要有支持 Java 功能的.jar 包存在，Java 程序即可顺利运行。尽管不同平台的 Java 虚拟机和对应的支持.jar 包都是不同的（它们不应该相同），但它们的作用都是解释并运行 Java 字节码。因此，字节码的解释与运行机制是保证程序能很容易地在不同操作系统上运行。

从 Java 解释执行的运行机制的角度能看出其跨平台的特性和保证其拥有跨平台的支持机制（图 1-8）。

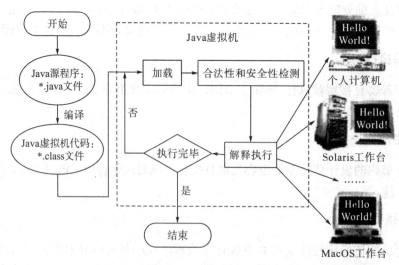

图 1-8　Java 虚拟机的工作方式

1.2.4 Java 程序的开发环境

Java 语言的平台无关性决定了其应用程序可以运行于任何一种操作系统,这就省去了因平台不同代码需要重新编译而带来的麻烦。编写好的程序由 JVM 编译后,生成字节码,即可运行于任何操作系统。编写 Java 程序之前,需要设置开发环境,包括下载软件开发工具包、设置环境变量以及安装集成开发环境。

1. 下载并安装软件开发工具包 JDK

整个 Java 的核心就是 JDK,其包括 Java 运行环境(java runtime environment)、一系列 Java 工具和 Java 的基础类库(rt.jar)以及 Applets 和 Applications 的演示等。以 JDK 7 为例,首先从 Oracle 官网 http://java.oracle.com 下载文件:jdk-7-windows-i586.exe。然后,直接运行 jdk-7-windows-i586.exe,根据提示完成安装。安装后产生如下目录:①\bin 目录:Java 开发工具,包括 Java 编译器、解释器等。②\demo 目录:一些实例程序。③\lib 目录:Java 开发类库。④\ire 目录:Java 运行环境,包括 Java 虚拟机、运行类库等。

JDK 常用工具包括:①javac:Java 编译器,编译 Java 源代码为字节码。②java:Java 解释器,执行 Java 应用程序。③jdb:Java 调试器,用来调试 Java 程序。④javap:反编译,将类文件还原为方法和变量。⑤javadoc:文档生成器,创建 HTML 格式文件。⑥appletviwer:Applet 解释器,用来运行 Java 小应用程序。

2. 设置环境变量

安装完毕后,需要在运行环境中对环境变量做以下设置。

进入 Windows 操作系统:控制面板→系统→高级→环境变量,选中变量 Path(没有可以添加上)进行设置。变量名:Path;变量值:C:\jdk1.7.0\bin;C:\jre1.7.0\bin。

设置 Java 的 Path,目的是让 Java 程序设计者在任何环境都可以运行 JDK\bin 目录下的工具文件,如 javac、java、javadoc 等。

下一步设置 CLASSPATH,CLASSPATH 是 Java 加载类的路径,只有在 CLASSPATH 中 Java 的命令才能够被识别,让 Java 虚拟机找到所需要的类库。设置变量名:CLASSPATH;变量值:CLASSPATH=.;C:\jdk1.7.0\lib\。

3. 安装集成开发环境

如果集成开发环境没有被安装的话,用任何文本编辑器如记事本均可以编写 Java 代码。运行 Java 程序时需要启动"cmd.exe",启动 DOS 窗口就可以进行编译等操作。

如今,Java 程序一般都是在一定的集成开发环境下开发的,在 DOS 窗口下进行程序编译基本不再使用。常用的集成开发环境有:NetBeans、JCreator Le、Borland JBuilder、Microsoh Visual J++、Visual Age for Java(IBM)、Sun ONE Studio、BEA Workshop Studio、Eclipse(MyEclipse)。

本书使用 Eclipse 作为开发平台。在众多的 Java 开发平台中,Eclipse 是最有发展前景的产品之一。Eclipse 是一个开源的基于 Java 的集成开发环境(integrated development environment，IDE）的功能完整并成熟的软件，由 IBM 公司于 2001 年首次推出，可以从官方网站：http://www.Eclipse.org 免费下载。

Eclipse 是一个框架和一组被称为平台核心的服务程序，用于通过插件和组件构建开发环境。Eclipse 通常作为 Java 开发平台来使用，但实际上，诸如 C/C++和 COBOL 等编程语言它也能够支持。另外，Eclipse 框架还可用做与软件开发无关的其他应用程序类型的基础，如内容管理系统。本书使用的是 Eclipse 3.7 版本。

1.3　Java 语言基础

在实际的程序设计中，人们并不是使用字节码指令直接编写程序，而是采用类似于人类自然语言的方式来设计程序。语言的本质是人和人之间沟通的一套符号体系，它由很多单词和语法规范组成。计算机语言是程序员和计算机之间沟通的一种语言，它由若干个关键字（单词）组成，对几种控制结构（语法规范）进行了详细规定，区别于人的是，计算机没有意识、没有智能的判断能力，所以要求程序员必须严格地"告诉"计算机每一步的操作指令。下面对 Java 语言中的基础知识逐一进行叙述和解释。

1.3.1　关键字

关键字与一门语言中的单词比较接近，掌握这些基本单词的含义和用法是学好这门语言的前提。表 1-2 列出了 Java 中的关键字。

表 1-2　Java 中的关键字列表

关键字	含义	在 Java 语言中的作用
abstract	摘要、概要、抽象	定义抽象类或抽象方法
boolean	布尔逻辑	定义逻辑变量
break	休息、打破、折断	中断循环或跳出 switch 语句块
byte	字节、8 位元组	定义字节类型变量
case	案例、情形、场合	与 switch 配合建立多分支结构
catch	捕捉、捕获物	捕获异常对象
char	字符 character 的简写	定义字符型变量
class	把……分类、种类	定义新类
continue	继续、连续	短路循环
default	默认	与 switch 配合建立多分支结构
do	做、执行	与 while 配合建立循环结构
double	双精度型	定义双精度型变量
else	另外、否则	与 if 配合建立二分支结构
enum	枚举、列举类型；电话号码映射	声明枚举常量
extends	扩充、延伸	从父类继承
final	最后的、最终的	定义常量、最终方法、最终类
finally	最后、不可更改的	在异常处理中处理善后工作

续表

关键字	含义	在 Java 语言中的作用
float	浮点型	定义单精度型变量
for	至于、对于	一般创建固定次数的循环
if	条件、如果	与 else 配合建立二分支结构
implements	贯彻、实现	用来实现接口
import	引入、导入	引入相关的类或接口
instanceof	实例、运算符	测试此实例是否属于类或接口
int	整数 integer 的简写	定义整型变量
interface	界面、接口	用来定义新接口
long	长的	用来定义长整型变量
native	本地的	声明本地方法
new	新的、新建	新建一个对象
package	包裹、包	定义包
private	私人的、私有的	用来封装变量或方法
protected	保护、受保护的	定义受保护的变量或方法
public	公共的、公用的	提供给外部的访问接口
return	报告、回答、返回	从方法返回并可以返回值
short	短的	定义短整型变量
static	静态的	定义静态(类层次)的变量或方法
super	上等的	代表父类对象
switch	开关、电闸	与 case 配合建立多分支结构
synchronized	同步的	定义同步的方法或代码块
this	这个、本身	指对象自身
throw	扔、抛	抛出异常对象
throws	throw 的复数	用来声明一个方法可能抛出异常对象
transient	短暂的、瞬时的	定义非持久化的变量
try	尝试	尝试执行
void	空的、无效的、没有的	声明一个方法无返回值
volatile	可变的、不稳定的	声明其值可变的变量
while	当……的时候	建立 while 循环结构

另外，Java 中还保留了 const 和 goto 关键字，但在目前的版本中没有使用。

1.3.2 标识符

标识符(identifier)用于标识常量、变量、类、方法等的名字，即给操作对象、调用方法等命名，主要是给程序员看的，编译器编译后即变成二进制的地址信息。

标识符的组成规则：Java 语言中的标识符必须以 unicode 字符集中的英文字母、汉字字符、美元符号($)、下划线字符和数字组成，但标识符中的第一个符号不可以用数字，并且标识符不能和关键字重名。需要注意的是，Java 语言是大小写敏感的，即在所有的语法中都要区别大小写。例如，Count 和 count 是不一样的。

在定义标识符时需要注意以下原则。

(1)定义的标识符不能产生二义性。

(2)表示常量值的标识符全部用大写字母，如 RED。

(3)表示公有方法和实例变量的标识符以小写字母开始，后面的描述性词则以大写开始，如 getMoney()。

(4)表示私有或局部变量的标识符全部用小写字母，如 name、score。

(5)定义的类名，各单词的第一个字母应该大写。

合法的标识符示例：ab、x、str3、Person、identifier、userName、User_Name、_sys_value；非法的标识符示例：3ab、a+b、while、g.i、room#、class。

1.4　Java　程　序

1.4.1　Java 程序组成

从程序代码角度看，Java 程序由多个独立的类及接口组成。从程序执行角度看，Java 程序是由多个动态创建的对象相互协作组成的集合。

1. Java 源文件

一个 Java 程序可以由多个 Java 源文件组成，多个类和接口可以包含在一个 Java 源文件中。Java 源文件名的扩展名是.java，如 Demo.java 就是一个 Java 源文件。

2. Java 类的结构

一个类由类声明和类体组成。多个变量和多个方法可以包含于类体中。下面以圆类(Circle)为例，说明类的基本结构。

【例 1-1】类的基本结构实例。

```
public class Circle                  //类声明
{                                    //类体起始行
private double radius;               //变量 radius 表示圆的半径
//下面的方法用来构造一个圆对象
public Circle(double radius)
{
    this.radius=radius;
}
//下面的方法用来计算圆的面积
public double getArea()
{
    return radius*radius*Math.PI;
```

```
}
//下面的方法用来计算圆的周长
public double getPerimeter()
{
    return 2*radius*Math.PI;
}
}                                              //类体结束行
```

1.4.2 Java 程序的开发步骤

Java 程序的开发步骤如图 1-9 所示。

图 1-9 Java 应用程序的开发步骤

(1)编写源文件。通常使用一个文本编辑器(如 Edit 或记事本)来编写源文件,非文本编辑器是不可以用于编写源文件的,如 Word 编辑器。然后将编好的源文件保存起来,源文件的扩展名必须是.java。

(2)编译源文件。使用 Java 编译器(javac.exe)编译源文件,得到字节码文件。

(3)运行程序。使用 Java SE 平台中的 Java 解释器(java.exe)来解释、执行字节码文件。

1.4.3 Java 程序分类

不同的 Java 程序运行在不同的环境中,习惯上将运行环境相同的 Java 程序归为一类。按此分类方法,Java 程序可以分为以下 3 类。

(1)Java 应用程序:能独立在本地虚拟机(JVM)上执行的完整程序。该程序包含一个main(String [] args)方法。main(String [] args)方法是该应用程序执行的起点。

(2)Applet 小程序:必须嵌在 HTML 页面中才能执行。小程序部署在 Web 服务器上,但是,它执行的位置是在浏览器中的虚拟机(JVM)上。

(3)Servlet 程序:部署和运行在 Web 服务器中。由 Web 服务器中的虚拟机执行。

1.4.4 简单的 Java 应用程序

1. 源文件的编写与保存

Java 是面向对象编程,Java 应用程序的源文件是由若干个书写形式互相独立的类组成,本节的重点是掌握 Java 应用程序的开发步骤,其他内容不做介绍。例 1-2 中的 Java 源文件 Hello.java 是由 Hello 和 Student 两个类组成。

【例 1-2】 简单 Java 应用程序实例。

```
Hello.java
public class Hello{
 public static void main(String[] args){
     System.out.println("这是一个简单的 Java 应用程序");
     Student stu=new Student();
     stu.speak("We are students");
 }
}
class Student{
 public void speak(String s){
     System.out.println(s);
 }
}
```

1) 编写源文件

例 1-2 给出的源文件可使用一个文本编辑器(如 Edit 或记事本)来编写。

在 Java 源程序中, 语句所涉及的小括号及标点符号都是在英文状态下输入的, 如"大家好!"中的引号必须是英文状态下的引号, 而字符串里面的符号不受汉字字符或英文字符的限制。

2) 保存源文件

如果源文件中有多个类, 那么只能有一个类是 public 类; 如果有一个类是 public 类, 那么源文件的名字必须与这个类的名字完全相同, 扩展名是.java; 如果源文件没有 public 类, 那么源文件的名字只需与某个类的名字相同, 扩展名是.java 即可。

例 1-2 中的源文件必须命名为 Hello.java, 并将 Hello.java 保存到 C: \chapter1 文件夹中。在保存源文件时, 不能将源文件命名为 hello.java, 因为 Java 语言是区分大小写的。在保存文件时, 必须将"保存类型"选择为"所有文件", 将"编码"选择为"ANSI"。如果在保存文件时, 系统总是自动在文件名尾加上".txt"(这是不允许的), 那么在保存文件时可以将文件名加上双引号。

2. 编译

在保存了 Hello.java 源文件后, 就要使用 Java 编译器(javac.exe)对其进行编译。

使用 JDK 环境开发 Java 程序, 需打开 MS-DOS 命令行窗口, 在其中执行简单的 DOS 操作命令。例如, 从逻辑分区 C 转到逻辑分区 D, 需在命令行依次输入"D":并回车确定。另外, 进入某个子目录(文件夹)的命令是"cd 目录名"、退出某个子目录的命令是"cd.."。例如, 从目录 example 退到目录 boy 的操作是"C:\boy>example>cd.."。

1) 编译器 (javac)

进入逻辑分区 C 的 chapter1 目录中，使用编译器 javac 编译源文件：C:\chapter1>javac Hello.java。如果编译时，系统提示："javac 不是内部或外部命令，也不是可运行的程序或批处理文件"。请检查是否为系统环境变量 path 指定了 D:\jdk1.6\bin 这个值（重新设置过环境变量后，要重新打开 MS-DOS 命令行窗口），也可以在当前 MS-DOS 命令行窗口中输入"path D:\jdk1.6\bin"，回车确定，然后编译源文件。

2) 字节码文件 (.class 文件)

如果多个类包含在源文件中，编译源文件将生成多个扩展名为.class 的文件，在每个扩展名为.class 的文件中只存放一个类的字节码，其文件名与该类的名字相同，这些字节码文件被存放在与源文件相同的目录中。

如果源文件中有语法错误，编译器将给出错误提示，不生成字节码文件，编写者必须对源文件进行修改，然后再进行编译。

编译例 1-2 中的 Hello.java 源文件将得到两个字节码文件，即 Hello.class 和 Student.class。如果对源文件进行了修改，必须重新编译，再生成新的字节码文件。

3) 字节码的兼容性

JDK 1.5 版本以后的编译器与以前版本的编译器最大的区别在于不再向下兼容。也就是说，如果在编译源文件时没有特别约定，JDK 1.6 编译器生成的字节码只能在安装了 JDK 1.6 或 JRE 1.6 的 Java 平台环境中运行。可以使用"-source"参数约定字节码适合的 Java 平台。如果 Java 程序中并没有用到 JDK 1.6 的新功能，在编译源文件时可以使用"-source"参数，如 javac -source 1.4 文件名.java。这样编译生成的字节码可以在 1.4 版本以上（含 1.4 版本）的 Java 平台上运行。如果源文件使用的系统类库没有超出 JDK 1.1 版本，在编译源文件时应当使用-source 参数，取值为 1.1，从而使得字节码的可移植性更强。

"-source"参数的可取值有 1.7、1.6、1.5、1.4、1.3、1.2、1.1。如果在使用 JDK 1.7 编译器时没有显式地使用"-source"参数，JDK 1.7 编译器将默认使用该参数，并取值为 1.7。

需要注意的是：在编译时，如果出现提示 file Not Found，请检查源文件是否在当前目录中（如 C:\chapter1 中），以及源文件的名字是否被错误地命名为 hello.java 或 hello.java.txt。

3. 运行

1) 应用程序的主类

一个 Java 应用程序必须有一个类含有 public static void main (String[] args) 方法，称这个类为应用程序的主类。args[] 是 main 方法的一个参数，是一个字符串类型的数组（注意 String 的第一个字母是大写）。例 1-2 中的 Java 源程序中的主类是 Hello 类。

2) 解释器 (java)

使用 Java 虚拟机中的 Java 解释器 (java.exe) 来解释、执行其字节码文件。Java 应用程序总是从主类的 main 方法开始执行，因此，需进入主类字节码所在的目录，如 C:\chapter1，然后使用 Java 解释器 (java.exe) 运行主类的字节码，如 C:\chapter1>java Hello。

当有多个类存于在 Java 应用程序中时，Java 解释器执行的类名必须是主类的名字(没有扩展名)。当使用 Java 解释器运行应用程序时，Java 虚拟机首先将程序需要的字节码文件加载到内存，然后解释执行字节码文件。当运行上述 Java 应用程序时，虚拟机将 Hello.class 和 Student.class 加载到内存。当虚拟机将 Hello.class 加载到内存时，就为主类中的 main 方法分配了入口地址，以便 Java 解释器调用 main 方法开始运行程序。

3) 注意事项

在运行时，如果出现错误提示"Exception in thread 'main' java.lang.NoClassFondError"，请检查主类中的 main 方法。如果编写程序时错误地将主类中的 main 方法写成 public void main(String args[])，那么，程序可以编译通过，却无法正常运行。如果 main 方法书写正确，请检查是否为系统变量 ClassPath 指定了正确的值，也可以在当前 MS-DOS 命令行窗口中首先输入 "ClassPath=D:\jdk1.7\jre\lib\rt.jar;.;"，然后回车确定，再使用 Java 解释器运行主类。

需要特别注意的是，在运行程序时，不可以带有扩展名：C:\chapter1\>java Hello.class；用 java C:\chapter1\Hello 方式(带着目录)运行程序也不行。

例 1-3 展示了一个简单的 Java 应用程序，不要求读者看懂程序的细节，但读者必须知道怎样保存示例中的 Java 源文件、怎样使用编译器编译源程序、怎样使用解释器运行程序。

【例 1-3】简单矩形类实例。

```java
public class Rect{
    double width;                    //长方形的宽
    double height;                   //长方形的高
    double getArea(){                //返回长方形的面积
        return width*height;
    }
}
class Example1_3{                     //主类
public static void main(String[] args){
    Rect rectangle;
    rectangle=new Rect();
    rectangle.width=2.123;
    rectangle.height=1.25;
```

```
    double area=rectangle.getArea();
    System.out.println("矩形的面积："+area);
  }
}
```

(1)命名保存源文件。把例 1-3 中的 Java 源文件命名并保存为 Rect.java。假设保存 Rect.java 在 C:\chapter1 下，即 C:\chapter1\>javac Rect.java。

(2)编译。如果编译成功，chapter1 目录下就会存在 Rect.class 和 Example1_3.class 两个字节码文件。

(3)执行。java 命令后的名字必须是主类的名字(不包括扩展名)，如 C:\chapter1\>java Example1_3。

1.4.5　Java 应用程序的基本结构

一个 Java 应用程序(也称为一个工程)是由若干个类构成的，这些类可以在一个源文件中，也可以分布在若干个源文件中(图 1-10)。

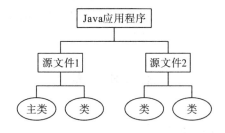

图 1-10　程序的结构

Java 应用程序有一个主类，即含有 main 方法的类，Java 应用程序从主类的 main 方法开始执行。在编写一个 Java 应用程序时，可以编写若干个 Java 源文件，每个源文件在编译后产生一个类的字节码文件。因此，以下操作是经常需要进行的。

(1)将应用程序涉及的 Java 源文件保存在相同的目录中，分别编译通过，得到 Java 应用程序所需要的字节码文件。

(2)运行主类。当使用解释器运行一个 Java 应用程序时，Java 虚拟机将 Java 应用程序需要的字节码文件加载到内存，然后由 Java 虚拟机解释、执行。因此，可以事先单独编译一个 Java 应用程序所需的其他源文件，并将得到的字节码文件和主类的字节码文件存放在同一目录中。如果应用程序主类的源文件和其他源文件在同一目录中，只编译主类的源文件也是可行的，Java 系统会自动优先编译主类需要的其他源文件。

Java 程序以类为"基本单位"，即一个 Java 程序由若干个类所构成。一个 Java 程序可以将它使用的各个类分别存放在不同的源文件中，也可以存放在一个源文件中。一个源文件中的类可以被多个 Java 程序使用，从编译的层面上看，每个源文件都是一个独立的编译单位，当程序需要修改某个类时，只需重新编译该类所在的源文件，不必重新编译其他类所在的源文件，这对系统的维护非常有利。从软件设计角度看，Java 语言中的类是可复用代码，编写具有一定功能的可复用代码是软件设计中非常重要的工作。

1.4.6　注释

编译器会忽略注释内容，添加注释的目的是方便代码的维护和阅读，因此，给代码添加注释是一个良好的编程习惯。Java 支持两种格式的注释，即单行注释和多行注释。

单行注释使用"//"表示注释开始，即该行中从"//"开始的后续内容为注释。多行注释使用"/*"表示注释开始，以"*/"表示注释结束。

1.5　本　章　小　结

本章以分析面向对象程序设计的理念为出发点，全面探讨了如何从现实世界的角度进行程序设计，详尽地阐述了面向对象程序设计的三大特征，也对面向对象的程序设计做了相关介绍。

本章对 Java 语言的体系做了简单介绍，还简要探讨了 Java 语言的特点，对 Java 虚拟机的运作进行了介绍。此外，还介绍了 Java 程序的开发环境、构成、开发步骤、分类及基本结构，为后续章节的学习奠定了一定基础。

练　习　题

(1)面向对象的开发方法包括哪些？

(2)面向对象程序设计的特征主要体现在哪些方面？

(3)什么是 OOA、OOD 和 OOP？它们的作用分别是什么？

(4)Java 有哪些体系？它们的作用分别是什么？

(5)Java 语言包括哪些特点？

(6)Java 程序的开发步骤包括哪几步？

(7)如何对 Java 程序进行多行注释？

第 2 章　类　与　对　象

2.1　类

面向对象实现对客观实体的直接映射，抽象出同一类实体共有的特征和行为，即类。类是面向对象程序设计的核心，Java 程序所有代码均封装在类里。

2.1.1　类的定义

最简单的类定义格式如下：

```
[Modifiers] class ClassName{
      ClassBody
   }
```

这里，类修饰符 Modifiers 用于控制类的被访问权限和类别；类名 ClassName 是用户定义的标识符，一般第一个字母与其他单词的第一个字母大写；类体 ClassBody 由变量的声明和方法的定义两部分共同组成。

例如：public class Person{…}定义了访问权限为 public 公有的 Person 类。

类还可以嵌套。嵌套在另一个类定义中的类是内部类。对应的，含有内部类的类是外部类。

2.1.2　成员变量和局部变量

在变量声明部分声明的变量称为类的成员变量，在方法体中声明变量和方法的参数称为局部变量。

1. 变量的类型

成员变量和局部变量的类型可以是 Java 中的任何一种数据类型，包括整型、浮点型、字符型等基本类型，以及数组、对象和接口等引用类型。例如：

```
class People{
int boy;
float a[];
void f(){
   boolean cool;
   Student zhangBo;
```

```
  }
}
class Student{
  double x;
}
```

在以上代码中，People 类的成员变量 a 是类型为 float 的数组；cool 和 zhangBo 是局部变量，cool 是 boolean 类型，zhangBo 是 Student 类声明的变量，即对象。

2. 变量的有效范围

成员变量在整个类内都有效，局部变量只在声明它的方法内有效。方法参数在整个方法内有效，方法内的局部变量从声明它的位置之后开始有效。如果局部变量的声明是在一个复合语句中，那么该局部变量的有效范围是该复合语句，即仅在该复合语句中有效；如果局部变量的声明是在一个循环语句中，那么该局部变量的有效范围是该循环语句，即仅在该循环语句中有效。成员变量的有效性与它在类体中书写的先后位置没有直接关系。

3. 实例变量与类变量

成员变量又分为实例变量和类变量。在声明成员变量时，用关键字 static 给予修饰的变量称为类变量(也称为静态(static)变量)，否则称为实例变量。

4. 成员变量的隐藏

如果方法中局部变量的名字与成员变量的名字相同，则成员变量被隐藏，即这个成员变量在这个方法内暂时失效。例如：

```
class Tom{
    int x=98,y;
    void f(){
     int x=3;
     y=x;      //y 得到的值是 3;不是 98,如果方法 f 中没有 int x=3;y 的值将是 98
    }
}
```

如果想在该方法中使用被隐藏的成员变量，关键字 this 的使用就非常有必要。

2.2 对　　象

对象是 Java 程序运行的基本单位，来自类的定义。对象是类的实例化，使用前必须声明并创建。

2.2.1 对象的声明与创建

1. 对象的声明

类似于其他 Java 变量，使用对象前必须先声明。声明对象的格式是：

[Modifiers] ClassName objectName[,…];

其中，Modifiers 是对象的访问控制属性和存储方式；ClassName 是对象的类型，即类名；objectName 是用户定义的对象名，一般第一个字母小写，其他字母的第一个字母大写。

例如：

```
private String name;
Person p1,p2;
```

声明对象仅声明了对象的引用，此时对象为 null，没有指向任何地址，因此还不能使用。

2. 对象的创建

可以使用 new 运算符和类的构造方法来创建对象，构造方法将在 2.3.3 节介绍。下面介绍如何使用 new 运算符来创建对象，即为其分配存储空间。

1）语法格式

创建对象的格式是：

new ClassName(parameterList);

其中，ClassName 是对象所属的类名；parameterList 是参数列表，构造方法的参数形式决定了参数格式。

2）new 运算符

new 运算符的工作首先是为对象分配存储空间，再按照类声明的次序依次执行所有成员变量的初始化语句和初始化块。之后调用构造方法初始化实例变量，最终返回对象的引用。

为对象分配存储空间时，JVM 会为该对象的每个成员变量分配空间。为节省存储空间，同类的所有对象共享一份成员方法的副本，每个对象只拥有代码区的地址。图 2-1 为 p1 和 p2 对象创建之后的结果。

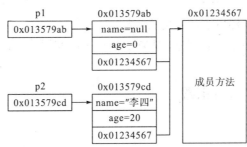

图 2-1　创建 p1 和 p2 对象

3）this 关键字

关键字 this 表示当前对象的引用，它可以用于区分同名的实例变量和局部变量。如用以下方式修改 Person 类：

```
public class Person{
    private String name;
    private int age;
    public Person(String name,int age){
        this.name=name;
        this.age=age;
    }
    …
}
```

构造方法的形式参数与成员变量同名。按照 Java 语言的规则，此时方法体内将直接访问 name 或 age 调用传入方法的参数而非成员变量。因为它们同名，成员变量会被隐藏。如果在变量前面加上 this 引用，则指明了访问的是成员变量：

this.name=name;
this.age=age;

分别用方法中的局部变量 name 和 age 对成员变量 name 和 age 赋值。

构造方法中也可以用 this() 来调用其他构造方法。

4）初始化块

类定义中，除了声明成员变量和成员方法外，还可以有多个初始化块。在创建类的对象时，初始化块将先于构造方法执行。

初始化块由一对大括号括起来，其中多条语句也可以包含在内，一般用于成员变量初始化。

声明 Person 对象时，程序的执行结果是：

执行初始化块……

执行初始化块……

执行带参数的构造方法……

首先运行初始化块，然后才运行构造方法。

初始化块并不是程序必有的部分，从它的执行顺序和用途看，其功能完全可以被构造方法替代。

2.2.2　对象的使用与销毁

1. 对象的使用

创建对象后，不仅可以访问对象的成员变量，改变成员变量的值，而且还可以调用对象的成员方法。通过使用点号运算符 "." 实现对成员变量的访问和成员方法的调用。语法格式为：

对象.成员变量

对象.成员方法()

前述声明的对象 p1 没有对其属性进行初始化，所以可以按照如下格式对其成员属性进行赋值和方法的调用：

```
p1.name="wang wu";
p1.age=20;
p1.sex='m';
p1.speek();
p1.walk();
```

2. 对象的销毁

在许多程序设计语言中，对象所占用内存的释放需要手动操作，但是在 Java 中则不需要手动完成这项工作。Java 提供的垃圾回收机制可以自动判断对象是否还在使用，并能够自动销毁不再使用的对象，收回对象所占用的资源。

Java 提供了一个名为 finalize() 的方法，用于对象在被垃圾回收机制销毁之前执行一些资源回收工作，由垃圾回收系统调用，可以重写该方法。但是垃圾回收系统的运行是不可预测的。finalize() 方法没有任何参数和返回值，每个类有且只有一个 finalize() 方法。

2.3 方　　法

2.3.1 方法的声明

一个类的类体由变量的声明和方法的定义两部分组成。方法的定义包括两部分，即方法声明和方法体。其一般格式如下：

```
方法声明部分{
    方法体的内容
}
```

1. 方法声明

最基本的方法声明包括方法名和方法的返回类型，例如：

```
float area(){
    ...
}
```

方法返回的数据类型可以是任意的 Java 数据类型,当一个方法不需要返回数据时,返回类型必须是 void。很多方法声明中都给出了方法的参数,参数是用逗号隔开的一些变量声明。方法的参数可以是任意的 Java 数据类型。

方法的名字必须符合标识符的规定,给方法取名的习惯类似于给变量取名的习惯。

2. 方法体

方法声明之后的一对大括号"{}"以及之间的内容称为方法的方法体。方法体的内容包括局部变量的声明和 Java 语句,例如:

```java
int getSum(int n){
    int sum=0;                    //声明局部变量
    for(int i=1;i<=n;i++){        //for 循环语句
    sum=sum+i;
    }
return sum;                       //return 语句
}
```

方法参数和方法内声明的变量称为局部变量,与类成员变量的区别是,局部变量与声明的位置有关。

2.3.2 方法重载

Java 中存在两种多态,即重载(overload)和重写(override),重写是与继承有关的多态。

方法重载是多态性的一种,如让一个人执行"求面积"操作时,他可能会问求什么面积?所谓功能多态性,是指可以向功能传递不同的消息,以便让对象根据相应的消息来产生相应的行为。可以通过类中的方法来体现对象的功能,那么功能的多态性就是方法的重载。方法重载的意思是,一个类中可以有多个方法具有相同的名字,但这些方法的参数必须区别开来,或者是参数的个数不同,或者是参数的类型不同。在下面的 Area 类中,getArea方法是一个重载方法。

```java
class Area{
    float getArea(float r){
        return 3.14f*r*r;
    }
    double getArea(float x,int y){
        return x*y;
    }
    float getArea(int x,float y);
        return x*y;
```

```
    }
    double getArea(float x,float y,float z){
        return(x*x+y*y+z*z)*2.0;
    }
}
```

需要注意的是，方法的返回类型和参数的名字不参与比较，也就是说，如果两个方法的名字相同，即使类型不同，也必须保证参数不同。

2.3.3　构造方法

构造方法是一种特殊方法，它的名字必须与它所在的类的名字保持一致，而且没有类型。构造方法也可以重载。

2.3.4　类方法和实例方法

成员变量可分为实例变量和类变量，同样，类中的方法也可分为实例方法和类方法。在声明方法时，方法类型前不加关键字 static 修饰的是实例方法，加 static 修饰的是类方法(静态方法)。

2.4　静　态　成　员

在 Java 中声明类的成员变量和成员方法时，可以使用 static 关键字把成员声明为静态成员。静态变量称为类变量，非静态变量称为实例变量；静态方法称为类方法，非静态方法称为实例方法。

静态成员最主要的特点是它不属于任何一个类的对象，它不保存在任意一个对象的内存空间中，而是保存在类的公共区域中。所以任何一个对象都可以直接访问该类的静态成员，都能获得相同的数据值。修改时，也在类的公共区域修改。

Java 中的静态成员包含静态方法、静态变量和常量，一些特殊的静态方法也包括在内，如 main 方法和 factory 方法。

2.4.1　静态方法和静态变量

通常情况下，方法必须通过它的类对象访问。如果希望该方法的使用完全独立于该类的任何对象，可以考虑使用 static 关键字。通过该关键字可以创建这样一个方法，它能够被自己使用，而不必引用特定的实例。在方法的声明前加上 static 即可。使用 static 关键字的方法即静态方法。

如果一个方法被声明为 static，它就能够在它的类的任何对象创建之前被访问，而不必引用任何对象。但是在静态方法中，不能以任何方式引用 this 或 super。

静态变量与静态方法类似，即使用 static 修饰变量。

2.4.2 静态变量和常量

在 Java 中没有一个直接的修饰符来实现常量，而是通过静态成员变量的方式来实现，这个问题可通过以下代码来说明。

```
public static final int X=10;
static public final int Y=20;
final static public int Z=40;
```

static 表示属于类，不必创建对象就可以使用，因为常量应该不依赖于任何对象。final 表示值不能改变。一般用作常量的静态成员变量访问权限都设置为 public，因为常量应该允许所有类或对象访问。

需要注意的是，static 可以与其他修饰符组合使用，且顺序可以任意调换。

前述章节介绍过的 Math 类中的 PI 就是 Math 类的静态成员，如果想实现常量可以使用这个办法。

对于非静态成员变量，系统不会为其分配默认值，必须在构造器完成之前对其进行初始化。对于静态最终成员变量，系统也不会为其分配默认值，也要求开发人员必须对其进行初始化。由于静态变量属于类，必须在构造器运行前对其进行初始化，因为类加载完成之后其值必须可以使用。

在 Java 中，静态成员变量的初始化要求在静态语句块结束之前必须完成，即 Java 中静态成员变量的初始化时机有两个，在声明的同时进行初始化或者在静态语句块中进行初始化。

2.4.3 静态成员的访问

由于静态成员属于类，因此对其进行访问可以不用创建对象，可以使用"<类名>.<静态成员名>"的语法调用静态成员变量。

下面分别从两个方面介绍同一个类中静态成员与非静态成员之间的访问。

1. 静态方法访问非静态成员

【例 2-1】静态方法访问非静态成员示例 1。

```
public class Sample2_1{
    //声明静态成员变量并初始化
    int staticVar=13;
    public static void main(String[] args){
    System.out.println("成员变量 staticVar 的值为："+staticVar+"。");
        }
}
```

在编译过程中，会报错"无法从静态上下文中引用非静态变量 staticVar"，这是因为 main()方法自身便是一个静态方法，而 staticVar 是非静态成员，静态成员与该类的任何对象没有任何关系，所以当其所在的类加载成功后，就可以被访问，但此时对象并不一定存在，非静态成员自然也不一定存在，静态成员的生命周期比非静态成员的长。图 2-2 显示了静态成员与非静态成员的生命周期关系。

即使访问时存在非静态成员，静态方法也无法判断出访问的是哪个对象的成员，因为静态方法属于类，非静态成员属于对象，所以静态方法不知道关于其所属类对象的信息。main()方法之所以被定义为静态方法也正因如此，其只是程序开始执行的入口，不需要依赖任何对象。若要在静态方法中访问非静态成员只要使用指向特定对象的引用即可，详细的信息可以查看下一节。

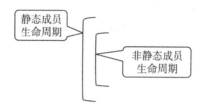

图 2-2　静态成员与非静态成员的生命周期关系

而静态方法任何时候都可以访问静态成员，因为静态成员都属于类，只要类存在，静态成员都将存在。

相应地，在静态方法中是不能使用 this 预定义对象引用的，即使其后续操作的是静态成员也不行。因为 this 代表指向自己对象的引用，而静态方法是属于类的，不属于对象，其成功加载后，对象也未必存在，即使存在，也无法判断出 this 指的是哪一个对象。

【例 2-2】静态方法访问非静态成员示例 2。

```
public class Sample2_2{
    //声明静态成员变量
    static int x=1000;
    public static void main(String[] args){
        //在静态方法main中使用this
        int y=this.x;
    }
}
```

若试图编译如上代码，编译系统将报"无法从静态上下文中引用非静态变量 this"的错误。

2. 非静态方法访问静态成员

非静态方法访问静态成员时，规则比较简单。从图 2-2 中可以看出，非静态成员的生命周期被静态成员生命周期包含，因此当非静态成员存在时，静态成员绝对存在。故非静态方法在任何时候都可以访问静态成员。

2.4.4　main()方法

在 Java 中，main()方法是 Java 应用程序的入口方法，也就是说，程序在运行时，第一个执行的方法就是 main()方法。这个方法和其他方法的区别非常明显，如方法的名字必须是 main，方法类型必须是 public static void，方法必须接收一个字符串数组的参数等。

因为 main()方法是由 Java 虚拟机调用的，所以必须为 public。虚拟机调用 main()方法时不需要产生任何对象，所以 main 方法声明为 static，且不需要返回值，声明为 void，最终格式为：public static void main(String[] args)。

在学习 main()方法之前，先看一个最简单的 Java 应用程序"HelloWorld"。Java 类中 main()方法的奥秘可以通过这个例子来说明，程序的代码如下：

```java
public class HelloWorld{
    public static void main(String[] args){
        System.out.println("Hello World!");
    }
}
```

HelloWorld 类中有 main()方法，说明这是个 Java 应用程序，可通过 JVM 直接启动运行。

既然是类，Java 允许类不加 public 关键字约束，当然类的定义只能限制为 public 或者无限制关键字(默认的)。为什么要这么定义，这在很大程度上与 JVM 的运行有直接关系。

main()方法中还有一个输入参数，类型为 String[]，这也是 Java 的规范。main()方法中必须有一个输入参数，类型必须为 String[]，字符串数组的名字是可以自己设定的，根据习惯，这个字符串数组的名字一般与 Sun Java 规范范例中 main()的参数名保持一致，取名为 args。而且 main()方法不准抛出异常，因此 main()方法中的异常要么处理，要么不处理，不能继续抛出。

当一个类中有 main()方法,执行命令"java类名"则会启动虚拟机执行该类中的 main()方法。由于 JVM 在运行这个 Java 应用程序时，首先会调用 main()方法，调用时不实例化这个类的对象，而是通过类名直接调用，因此需要限制其为 public static。

2.4.5　Factory 方法

Java 的静态方法有一种常见的用途，就是使用 Factory 方法产生不同风格的对象。例如，NumberFormat 类使用 Factory 方法产生不同风格的格式对象。Factory 方法是最常用的模式。

Factory 方法就相当于创建实例对象的 new，我们经常要根据类 Class 生成实例对象，如 A a=new A（）。Factory 方法也是用来创建实例对象的，所以在创建 new 时可以考虑使用工厂模式，虽然这样做，可能多做一些工作，但会给系统带来更大的可扩展性和尽量少的修改量。

下面以类 Sample 为例，如果要创建 Sample 的实例对象：

Sample sample=new Sample（）；

但实际情况是，用户通常都要在创建 sample 实例时做初始化的工作，如赋值、查询数据库等。首先想到的是，可以使用 Sample 的构造函数，这样生成的实例为

Sample sample=new Sample（参数）；

但是，创建 Sample 实例时所做的初始化工作不像赋值那样简单，可能是很长一段代码，如果也写入构造函数中，那么查看代码的难度就比较大。初始化工作如果是很长一段代码，说明要做的工作很多，将很多工作装入一个方法中，相当于将很多鸡蛋放在一个篮子里，是很危险的，这也有悖于 Java 面向对象的原则。面向对象的封装(encapsulation)和分派(delegation)告诉我们，尽量将长的代码"切割"成段，将每段再"封装"起来(减少段和段之间的耦合性)，这样，就会将风险分散，以后如果需要修改，只需更改每段，不会对其他代码段造成任何影响。

所以，首先需要将创建实例的工作与使用实例的工作分开，也就是说，让创建实例所需要做的大量初始化工作从 Sample 的构造函数中分离出去。

这时就需要使用 Factory 方法来生成对象，上述的"new Sample（参数）"就不会再用到。此外，如果 Sample 有个继承如 MySample，按照面向接口编程，则需要将 Sample 抽象成一个接口。现在 Sample 是接口，有两个子类 MySample 和 HisSample，要将实例化：

Sample mysample=new MySample（）；
Sample hissample=new HisSammle（）；

上面所示的 Sample 类可能还会"生出很多儿子"(继承)，这时就要对这些"儿子"一个个实例化，还可能要对以前的代码进行修改，加到这些"儿子"的实例中。

2.5　包和实用类

包是 Java 组织管理类的一种机制。Java 提供了很多实用类方便用户使用，它们也是用包来组织的。

2.5.1　包

通常，为实现某个特定的需求将定义若干的类。即使将这些类都写在同一个 java 源文件中，它们编译之后仍然会被分成各自独立的 class 文件。如果将多个类放到一起，类名不重复是必须要保证的。随着类数量的增加，类名冲突的可能性也增大。另外，很多类无规则地放在一起也不利于查找和管理。为此，Java 提供了包机制来组织类，将所有的类按一定原则分别放置在不同的包中。同一个包中不允许有同名的类。

包就是目录，其中还可以有包，称为子包，即子目录。创建包意味着在文件系统下创

建与包同名的目录。

1. 包的声明

要将类放入包中，首先需要在定义它们时将其所在的包声明好。声明包的格式是：
　　　　　　　package packageName[.packageName1[.packageName2[…]]];
其中，package 是关键字；packageName 是包名。如果有子包，在 packageName 后按层次顺序列出。各包名之间用 "." 分隔。通常，包名全部用小写英文字母。

package 语句必须是 java 文件的第一条语句，而且最多只能有一条，以表示它所在文件中定义的所有类都属于 packageName 包，或其子包。该文件被编译后生成的 class 文件应该被存放在 packageName 目录或其子目录中。例如：

```
package ch2;          //与此语句同文件的类都属于 ch2 包
                      //编译后生成的 class 文件都要被放置到 ch2 目录中
```

命令行方式执行声明包的 class 文件时，当前目录必须是包的上一层目录，如 ch2 的上一层目录，然后执行：java ch2.XXX。其中，XXX 是类名。

如果 java 文件中没有 package 语句，则意味着文件里的类属于默认包，不用被放置在任何特定的目录下。命令行方式执行默认包中的 class 文件时，当前目录中必须有此 class 文件，然后执行：java .XXX。

2. 包的引用

引用含包的类时需要指明包的位置。有两种方式：导入包和包限定。

1）导入包

导入包使用 import 语句，格式是：
　　　　　　　import packageName[.packageName1[.packageName2[…]]].ClassName|*;
其中，import 是关键字；包名 packageName 定义同 package 语句。ClassName 和 "*" 只能出现一个，使用 ClassName 表示导入系列包名下的 ClassName 类或接口；使用 "*" 表示导入系列包名下的所有类。

需要注意的是，与 "*" 同级的子包不会因为有 "*" 而被包含进来，必须显式导入子包。例如包 p1.p2.p3，通过 "import p1.p2.*;" 不能导入子包 p3，它里面的类也就没有被导入。只有通过 "import p1.p2.p3.*;" 才能实现 p3 下所有类的导入。

类被导入后，它们可以在当前 java 文件中被直接引用。例如：

```
import java.util.*;
…
Scanner sc=new Scanner(System.in);
int i=sc.nextInt()
```

Scanner 类定义在 java.util 包中，使用 import 导入 java.util.*意味着导入了 java.util 包中的所有类，因此当前程序可以直接引用它们。又如：

```
import java.util.Scanner;
…
Scanner sc=new Scanner(System.in);
int i=sc.nextInt()
```

直接导入包中的 Scanner 类，效果与上例相同，但此时 java.util 包中除此类以外的其他类都不能被引用。

2) 包限定

包限定是引用类的同时加入类所属的包，格式是：

packageName[.packageName1[.packageName2[…]]].ClassName;

如果不使用 import 语句导入包，上例可以改成：

```
java.util.Scanner sc=new java.util.Scanner(System.in);
int i=sc.nextInt()
```

在每次引用类时，加包限定。

需要注意的是，如果一个类属于默认包，那么它只能被同在默认包中的类引用，而无法被其他包中的类引用。因此，应尽量避免使用默认包。

2.5.2 Java 标准包

Java 为方便用户使用和支撑程序运行，定义了非常丰富的标准类。它们构成了 Java 的类库，即应用程序编程接口 API，并以包的形式体现出来。早期标准包都以"java"开头，如 java.io。随着 Java 功能的扩展，现在也有以"javax"和"org"开头的，如 javax.swing、org.w3c.dom 等。

表 2-1 列出了常用的 Java 标准包。除 java.lang 包由系统自动导入外，其他包需要用户在程序中自己导入。

表 2-1 常用的 Java 标准包

包	说明
java.applet	提供创建使用 applet 所必需的类
java.awt	提供创建用户界面和绘制图形图像的所有类
java.beans	包含与开发 beans 有关的类，即基于 JavaBeans 架构的组件
java.io	提供实现系统输入/输出的数据流、序列化和文件系统相关类
java.lang	提供 Java 语言的基础类，如 Math、Object、String、Thread 等类；此包自动导入

包	说明
java.net	提供实现网络应用程序的类
java.sql	提供使用 SQL 访问关系数据库的 API
java.util	包含各种实用工具类、集合框架、日期和时间、国际化等
java.swing	提供"轻量级"GUI 组件

自动导入的 java.lang 包提供了包括 Object 在内的 Java 基础类。Java 中，Object 是类层次结构的根类，所有类均是在它的基础上发展而来的。

2.5.3　实用类

1. 基本数据类型包装类

类有各种属性和方法，使用起来很方便。为了使基本数据类型也具备类的特性，Java 定义了相对应的包装类（wrapper Class）。它们在 java.lang 包中，都是 final 类，而且一旦创建了包装类的对象，其值只能维持不变。

表 2-2 为各种基本数据类型对应的包装类。

表 2-2　Java 包装类

基本数据类型	包装类	基本数据类型	包装类
byte	Byte	int	Integer
boolean	Boolean	long	Long
short	Short	float	Float
char	Character	double	Double

包装类能为基本数据类型提供各种涉及对象的操作功能，但由于它们在概念上存在差异，使用时需要相互转换。早期的 Java 提供了若干方法来实现这种转换。JDK 1.5 后引入自打包和自拆包的功能，即在需要时系统自动进行基本数据类型和对应包装类的转换。

2. 字符串 String 类

String 类定义在 Java 提供的标准包 java.lang 中，该类是使用最多的实用类，表示创建完成之后不能更改的字符串常量，初始值为 null。

String 类封装了很多关于字符串处理的成员方法，用于支持字符串的操作。String 类常用的成员方法见表 2-3。

表 2-3　String 类常用的成员方法

成员方法	说明
intlength ()	返回当前字符串中字符的个数
boolean equals (String str)	比较当前字符串和 str 的内容是否相等
boolean equalslgnoreCase (String str)	不区分大小写比较当前字符串和 str 的内容是否相等

续表

成员方法	说明
char charAt (int index)	返回当前字符串 index 处的字符
char[]toCharArray ()	将当前字符串转换为一个字符数组
String toLowerCase ()	将当前字符串中所有字符转换为小写形式
String toUpperCase ()	将当前字符串中所有字符转换为大写形式
String substring (int index)	截取当前字符串中从 index 开始到末尾的子串
boolean startsWith (String str)	测试当前字符串是否以 str 开头
char replace (char c1,char c2)	将当前字符串中的 c1 字符替换为 c2 字符
String trim ()	返回去掉了当前字符串前后空格的字符串
int indexof (String str,int i)	在当前字符串中从 i 处查找 str 子串，若找到，返回子串第一次出现的位置，否则返回-1

3. 数学 Math 类

Math 类包含用于执行基本数学运算的方法，如对数、平方根和三角函数等。它定义了两个静态属性：①static double E，自然对数的底数 e；②static double PI，圆的周长与直径之比 π。

Math 类常用的成员方法见表 2-4，它们都是静态的。

表 2-4　Math 类常用的成员方法

成员方法	说明
static type abs (type a)	返回 type 为 double/float/int/long 的 a 的绝对值
static double cbrt (double a)	返回 a 的立方根
static double cos (double a)	返回 a 的余弦
static double lg (double a)	返回 a 的自然对数
static double lg10 (double a)	返回 a 的底为 10 的对数
static type max (type a,type b)	返回 type 为 double/float/int/long 的 a 和 b 中较大的一个数
static type min (type a,type b)	返回 type 为 double/float/int/long 的 a 和 b 中较小的一个数
static double pow (double a,double b)	返回 a 的 b 次幂的值
static double random ()	返回大于或等于 0.0 且小于 1.0 的随机数
static long round (double a)	返回最接近 a 的长整数
static int round (float a)	返回最接近 a 的整数
static double sin (double a)	返回 a 的正弦
static double sqrt (double a)	返回正确舍入的 a 的正平方根
static double tan (double a)	返回 a 的正切

2.6　封　装

封装是一个面向对象的术语，其含义很简单，就是把东西包装起来。换言之，成员变量和方法的定义都包装于类定义中，类定义可以看成是将构成类的成员变量和方法封装起来。

通过限定类成员的可见性，可以使类成员中的某些属性和方法能够不被程序的其他部分访问，它们被隐藏了起来，只能在定义的类中使用，这就是面向对象中实现封装的方式。

尽管技术上允许把成员变量标识为 public，但是在实际中最好把所有成员变量都设置为 private，如果需要修改、设置或读取该成员变量，开发人员应该使用公共的访问方法。因此任何其他类中的代码必须通过调用方法来访问该成员变量，而不是直接使用。

这样对于程序灵活性的提高非常有帮助，方便了代码的修改和维护，可以有效避免因修改代码"牵一发而动全身"。而且，在成员变量被访问时还可以避免错误，提高程序健壮性，例 2-3 说明了这个问题。

【**例 2-3**】**封装示例 1。**

```java
public class Desk{
    //height 为桌子的高，width 为桌子的宽
    private c int height;
    private int width;
    //setProperty 设置桌子的高和宽。只有输入的值大于 0 时，才合法
    public void setProperty(int i,int j){
        if(i>0){
            this.height=i;
            System.out.println("设置桌子高成功");
        }else{
            System.out.println("设置桌子高出错");
        }
        if(j>0){
            this.width=j;
            System.out.println("设置桌子宽成功");
        }else{
            System.out.println("设置桌子宽出错");
        }
    }
}
public class Sample2_3{
    public static void main(String[] args){
        //创建 desk 对象
        Desk d=new Desk();
        //访问成员变量 height 和 width
        d.height=-100;
        d.width=200;
```

```
        }
    }
```

从编译该代码的过程中可以看出，由于对 width 和 height 成员变量进行了封装，因此必须通过 setProperty 方法设置 width 和 height 的值，而在 setProperty 方法中编写了验证值正确性的规则，所以不可能再设置错误的 width 和 height 值。对成员变量进行封装时，在设置成员值的方法中编写值正确性验证规则，可以在很大程度上提高代码的健壮性。

使用封装后还可以提高灵活性，便于代码的维护。例如，由于某种原因，需要将 height 或者 width 的类型修改为 String。这时如果没有使用封装，一旦代码修改，所有调用 size 的代码都将不能使用。

而使用了封装后只要对设置成员值的方法进行一定的修改，可以使外面的调用者感觉不到变化，将变化限制在一个较小的范围内。在例 2-4 中，将 width 类型修改为 String，但外界是感觉不到该变化的。

【例 2-4】封装示例 2。

```java
package chapter02.sample2_4;
public class Desk{
    private int height;
    //将 width 改为 String 型，虽然类型发生变化，但外界是感觉不到的
    private String width;
    public void setProperty(int i,int j){
        if(i>0){
            this.height=i;
            //Integer.toString(i)将 int 类型转为 String 类型
            System.out.println("设置桌子高成功，高为"+Integer.toString(i));
        }else{
            System.out.println("设置桌子高出错");
        if(j>0){
            //将输入的 int 类型转为 String 类型
            String width_s=Integer.toString(j);
            this.width=width_s;
            System.out.println("设置桌子宽成功，宽为"+width);
        }else{
            System.out.println("设置桌子宽出错");
        }
    }
}
//在主类中对 Desk 对象的宽和高赋值
```

```
import chapter02.sample2_4.Desk;
public class Sample2_4{
    public static void main(String[] args){
    //创建 Desk 对象
    Desk d=new Desk();
    //访问成员变量 height 和 width
        d.setProperty(120,230);
    }
}
```

在代码编译之后,封装的优点即可得以体现,在代码发生变化时可以通过修改访问方法,使得修改不会对外界的访问产生任何影响。通过隐藏设计细节,可以把因修改代码而造成的负面影响缩小到最小范围,这样就可以写出可维护性、灵活性和可扩展性很高的代码。

Java 中封装需要遵循以下规则。

(1)用访问限制修饰符保护成员变量,通常是 private。

(2)建立公有的访问方法,强制调用代码通过这些方法访问成员变量。

2.7 本 章 小 结

类和对象是面向对象程序设计的核心。本章以 Java 为平台,对类和对象的概念,以及它们所表现出的面向对象的抽象和封装特性进行了详细阐述,包括类的定义和对象的声明、创建及使用与销毁等。通过实例深化了访问控制属性、实例成员变量和方法、静态成员变量和方法的概念及其应用的相关内容。本章还对 Java 的包机制进行了讨论,介绍了Java 标准包和几种实用类的使用。最后提供了具有一定实用价值同时带有典型特征的应用实例,以使读者加深对类和对象基本概念的理解以及对封装的认识,掌握面向对象程序设计的基本方法。

练 习 题

(1)在 Java 语言中,面向对象的抽象特性和封装特性分别是如何体现的?

(2)类在什么情况下会被加载?加载类与构造对象有什么区别?

(3)什么时候需要使用 this 关键字?

(4)简述使用 new 运算符构造 Person 类的 p 对象时 JVM 的操作。

(5)什么是构造方法?构造方法可以重载吗?

(6)类变量、实例变量和静态变量有什么区别?

(7)如何把成员声明为静态的?

(8)常用的静态方法有哪些?具体如何使用?

(9)举例说明静态成员方法和非静态成员方法使用时的差别。

(10)如何声明包？如何引用包？

(11)设计一个有理数类，包含实施加减乘除等算术运算的静态方法。编写测试类，实现对键盘输入数据进行各种基本运算。

(12)设计一个一元二次方程类，有系数 a、b 和 c 三个属性，判定其是否有根、求解、显示方程式等方法。编写测试类。

(13)设计一个名为 MyPoint 的类表示一个点(x，y)，除了 x 和 y 属性外，它还拥有构造原点对象的默认构造方法和根据接收的 x 和 y 构造一个点对象的构造方法。此外，它还有相应的 set 和 get 方法，以便对其属性设值和取值。定义两个 distance 方法，以便接收一个点对象，返回当前对象与接收的点对象之间的距离。或接收两个点对象，返回该两个点对象之间的距离。编写测试类。

(14)设计一个教师类和一个课程类。其中，教师类包括教师姓名和职称属性，课程类包括课程名和学分属性。再设计一个授课类，包含教师类的授课教师属性和课程类的课程属性，以及上课地点和学生人数属性。需为上述三个类定义相关行为描述。编写测试类，执行创建对象、显示结果等操作。

第3章 继承与多态

3.1 Java 中的继承

3.1.1 继承概述

代码重用问题可以通过继承得到很好的解决。在利用已有的类构造新类时，新类保留已有类的属性和行为，并可以根据要求添加新的属性和行为。例如，卡车具有一般汽车的属性，而特有的属性就是载货。类之间的关系有："USES-A"关系、"HAS-A"关系、"IS-A"关系。其中，"IS-A"关系是继承的一个特征。

1. 超类、子类

被继承的类一般称为超类或父类，继承的类称为子类。当子类继承超类时，没有必要写出全部的实例变量和方法，只需声明该类继承已定义的超类的实例变量和方法即可。超类、子类是继承中非常重要的概念，继承的层次关系可通过它们得到很好的描述。

继承节省了定义新类的大量工作，可以方便地重用代码。例如，把汽车作为父类，当创建汽车的子类时，品牌、价格、最高时速等属性会自动被定义，调用刹车方法时会自动调用在汽车类中定义的刹车方法。但一个子类不是非要使用继承的属性和方法，可以选择覆盖已有的属性和方法，或添加新的属性和方法。

由继承产生的子类比超类具有更多的特征，因此二者的概念很容易混淆。通常情况下，每个子类的对象与它的超类对象属于"IS-A"关系。一个超类可以有很多个子类，所以，超类集合通常比它的任何一个子类集合都大。如交通工具包含飞机、汽车、自行车等，而汽车子类只是交通工具中的一个小子集。

2. 继承层次

继承关系可以用树形层次表达出来。图 3-1 所示为汽车类的继承层次关系。需要注意

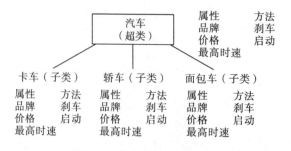

图 3-1 汽车类的继承层次关系

的是，汽车类定义了品牌、价格、最高时速等属性(成员变量)，以及刹车、启动等方法。当定义继承汽车类的子类时，它自动继承汽车类的属性和方法。

继承只是代码重用的一种方式，滥用继承会造成很严重的后果。只有当需要向新类添加新的操作，并且把已存在类的默认行为融合进新类中时，才有必要继承已存在的类。

3.1.2　子类

在 Java 中，Object 类是 Java 中的总根类，所有的类均直接或间接继承自 java.lang.Object 类。实际开发中，如不特殊指定，开发人员自己定义的类均直接继承自 Object 类。

在 Java 中，类的继承通过 extends 关键字实现。在创建新类时，使用 extends 指明新类的父类，具体语法如下。

```
class 子类名 extends 父类名
{
    子类类体
}
```

Java 中不允许多重继承，子类只能从一个超类中继承而来，即单一继承，但可以通过接口实现多重继承。

下面的代码中，汽车 Car 类继承交通工具 Vehicle 类，卡车 Truck 类继承 Car 类。

```
//此为一个交通工具类
class Vehicle{  }
//此为一个继承交通工具的汽车类
class Car extends Vehicle{  }
//此为一个继承汽车类的卡车类
class Truck extends Car{  }
```

对于代码中的继承关系，在面向对象中可以使用如图 3-2 所示的描述方式。

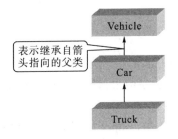

图 3-2　Vehicle、Car 和 Truck 继承树

3.1.3　super 关键字

如果子类中定义了与父类同名的成员变量，则父类中的成员变量不能被子类继承，此时称子类的成员变量隐藏了父类的成员变量；如果子类中定义了一个与父类同名的方法，则父类的这个方法在子类中被隐藏，也不能被子类继承。

如果要在子类中使用被隐藏的父类成员，或者使用父类中的构造方法，就需在子类中使用关键字 super。

1. 调用父类构造方法

子类不能继承父类的构造方法，因此要使用父类的构造方法，必须在子类的构造方法中使用关键字 super，而且 super 必须是子类构造方法中的第一条语句。

【例 3-1】在子类定义的构造方法中调用父类的构造方法。

```
class ProgramLanguage{              //定义父类 ProgramLanguage
    int year;
    String name;
    ProgramLanguage(int year,String name){
        this.year=year;this.name=name;
        System.out.println(name+"is born in"+year);
    }
}
class Java extends ProgramLanguage{ //定义子类 Java
    Java(int year,String name){
        super(year,name);           //调用父类构造方法对父类成员变量初始化
    }
}
public class superDemo{         //定义测试类 superDemo
    public static void main(String[] args){
        Java j2me=new Java(1991,"java");
    }
}
```

（1）在子类中调用父类构造方法的唯一方式是：super()或者 super(参数表)。super()调用父类的默认构造方法，super(参数表)调用父类的带参数构造方法。这两条语句必须写在子类构造方法体中的第一行。

（2）如果在子类的构造方法体中，super 调用语句没有被显式地使用，则编译器自动调用父类的默认构造方法。

（3）如果在父类中定义了构造方法，但是没有定义默认构造方法，则子类中就无法顺利调用父类的默认构造方法。否则会出错。

2. 调用父类成员

如果要使用父类中被子类隐藏的成员变量或方法，就要使用关键字 super。

【例 3-2】使用 super.getArea () 调用父类中被子类隐藏的方法 getArea ()。

```java
import java.applet.*;import java.awt.*;
class Circle{                      //父类 Circle
    float r=5;                     //圆的半径
    public Circle(float r){        //构造方法
        this.r=r;
    }
    float getArea(){               //圆的面积
        return 3.14f*r*r;
    }
    float getLong(){               //圆的周长
        return 2*3.14f*r;
    }
}
class Cylinder extends Circle{ //子类 Cylinder(圆柱)
    float h=8.0;                        //圆柱的高
    Cylinder(float r,float h){
        super(r);     //调用父类构造方法,初始化父类成员变量 r
        this.h=h;
    }
    float getArea(){      //计算圆柱表面积，对 Circle 中的方法进行了重写
        float d_area;     //保存两个圆的面积
        float c_area;     //保存圆柱侧面积
        d_area=2*super.getArea();//调用父类方法 getArea(),获得两个圆的面积
        c_area=super.getLong()*h;//调用父类方法 getLong()
        return(d_area+c_area);
    }
    float getLong(){      //圆柱的两个圆周的总长，重写了父类方法
        return 2*2*3.14f*r;
    }
    public class superDemo2 extends Applet{      //定义测试类 superDemo2
    Cylinder zhu;
    public void init(){
        zhu=new Cyliner();
```

```
    }
    public void paint(Graphics g){
        g.drawString("圆柱的表面积="+zhu.getArea(),5,20);
        g.drawString("两个圆周长的和"+zhu.getLong(),5,40);
    }
}
```

在父类 Circle 中定义了方法 getLong() 和方法 getArea()。在子类 Cylinder 中，对这两个方法进行了重写，即子类方法与父类方法的方法头标志相同，只是方法体有一定区别，称之为子类方法覆盖了父类方法，或子类方法对父类方法进行了重写。

【例 3-3】子类的成员变量隐藏了父类中同名的成员变量，通过 super 使用父类中被子类隐藏的成员变量。

```
import java.applet.*;import java.awt.*;
class Father{
    public int d=10;                      //被子类隐藏的成员
    int getD(){
        return d+80;
    }
}
class Son extends Father{
    public int d=20;
    int getD(){
        return super.d+80;
    }           //super.d 使用父类的变量d
}
pubilc class SuperDemo extends Applet{
    Son sum;
    public void init(){
        sum=new Son();
    }
public void paint(Graphics s){
    g.drawString("sum="+sum.getD(),200,200);
    }
}
```

3. 重写父类方法时的访问权限

在子类中重写父类方法时，方法访问的权限是不能被降低的。例如，在下面的代码中子类重写了父类的方法 get()，该方法在父类中的访问权限是 protected 级别，子类重写时不允许级别低于 protected。

```
import java.applet.*;import java.awt*;
Class Father{
    protected float get(float x,float y){
        return x*y;
    }
}
```

下面是合法的子类(Son)定义：

```
class Son extends Father{
    public float get(float x,float y){
        return x-y;
    }
}
```

下面是非法的子类(Son)定义：

```
class Son extends Father{    //重写父类方法 get()，降低了访问权限(默认)
    float get(float x,float y){
        return x-y;
    }
}
```

3.1.4 继承性规则

继承并不是简单地拥有父类的所有成员。实际上，子类能继承父类哪些成员存在严格限制，可以通过权限符来设置。权限符除了常见的 public 和 private 外，还有 protected 和默认权限。protected 是保护权限符，专为继承设计；当类或类的成员无权限符时，权限符是系统默认。权限包括可访问权限和可继承权限，各个权限符的级别见表 3-1。

表 3-1　各种权限符的级别

权限	本类	同包	不同包的子类	全局范围
public	允许	允许	允许	允许
protected	允许	允许	允许	不允许
默认	允许	允许	不允许	不允许
private	允许	不允许	不允许	不允许

注：同包表示子类与父类在同一个包中；不同包则表示它们在不同的包中。

　　public 和默认修饰符可以修饰类，protected 和 private 只能修饰成员。对于任意的类，可以继承或访问 public 类和 public 类的 public 成员；各种类的 private 成员只能被本类访问，其他类不能继承或访问该类的 private 成员。protected 和默认权限要复杂一些，下面进行详细介绍。

1. 同包

　　【例 3-4】在相同的包中不同权限符的访问权限和继承权限。在当前工作目录 ch3 下创建 a 目录，作为 a 包的目录。然后定义 Father、Son 和 Other 三个类，同属于 a 包，源文件存放在 a 目录下。

```
//Father 类具有默认权限，同时拥有默认权限 x 成员和保护权限 y 成员，代码如下
package a;
class Father{                 //默认权限类
    int x;                    //默认权限成员
    protected int y;          //保护权限成员
    public Father(){}
    public Father(int x,int y){
        this.x=x;
        this.y=y;
    }
}
//Son 类继承 Father 类，且同属于 a 包，用于测试同包继承权限，代码如下
package a;
public class Son extends Father{    //继承默认权限类
    public Son(){}
    public Son(int x,int y){
        this.x=x;                //this.x是继承A默认权限的成员 x
        this.y=y;                //this.y是继承A的保护权限成员 y
    }
    public void print(){
    System.out.println("x="+x+",y"+y);
    }
}
//在 a 中定义主类Other，用于测试同包中的访问权限
package a;
//测试同一个包中的访问权限
public class Other{
    public static void main(String[] args){//测试
```

```
        //可以访问同包的友类
        Father f=new Father(1,2);
        //可以访问同包中某类的默认权限成员
        System.out.println(f.x);
        //可以访问同包中某类的保护权限成员
        System.out.println(f.y);
        //同一包中，Son 类继承 Father 类的默认权限成员和保护权限成员
        Son s=new Son(1,2);
        s.print ();//测试继承权限
    }
}
```

需要注意的是，命令"javac*.java"表示编译该目录下所有的 Java 源文件；Other 类是带包名的主类，要到上一级目录执行带包名的主类。

从该程序的执行结果可以得出结论：同包中，一个类(public 类或默认权限类)的成员，除 private 成员外，其他权限修饰的成员允许被本包中的其他类访问或继承。

2. 不同包

当父类与子类在不同包中时，父类的 protected 成员可以被子类继承，而默认权限的成员子类是无法继承的。

3.1.5　方法的继承与覆盖

在类继承机制中，方法的继承和覆盖是其重要内容。方法继承允许子类使用父类的方法，而覆盖是在子类中重新定义父类中的方法，更显示了继承的灵活性。

1. 方法的继承

从本质上讲，方法也是一种成员，因此方法的继承规则与成员变量的继承规则完全一样，其是否能被继承同样是由访问限制决定的。例 3-5 说明了 public 方法被继承的情况。

【例 3-5】方法继承示例。

```
package chapter3. sample3_5;
public class Father{
    public void show()
    {
        System.out.println("该方法为 public 类型，方法被成功继承!");
    }
}
public class Son extends Father{
```

```
    public void getShow()
    {
        System.out.print("\n 子类内代码调用结果：");
        this. show();
    }
}
public class Sample3_5{
    public static void main(String[] args){
        Son s=new Son();
        System.out.println("子类外代码调用结果：");
        s.show();
        s.getShow();
    }
}
```

从例 3-5 可以看出，方法的继承规则与成员变量的继承规则完全相同。其他类型访问限制的方法，读者可以参照成员变量的继承规则以及上述代码自行验证。

2. 方法的覆盖

子类的自身方法中，若与继承的方法具有相同的方法名，便构成了方法的重写(或方法的覆盖)。能够定义各子类的特有行为是重写的主要优点，例 3-6 对其进行了简单说明。

【例 3-6】方法覆盖示例。

```
class Vehicle
{
    public void startUp()
    {
        System.out.println("一般交通工具的启动方法!");
    }
}
class Car extends Vehicle
{
    public void startUp()
    {
        System.out.println("轿车的启动方法!");
    }
}
public class Sample3_6
```

```
{
    public static void main(String[] args){
        //创建对象并调用方法
        Car c=new Car();
        System.out.print("实际调用的方法为：");
        c.startUp();
    }
}
```

从运行结果可以看出，如果子类重写了方法，则调用子类重写的方法，否则将调用从父类继承的方法。同样，若用父类引用指向子类对象，当父类引用调用被重写的方法时，Java 会如何处理呢?将例 3-6 中主方法修改为如下代码，并将 11～14 行代码的注释去掉。

```
public static void main(String[] args){
    //创建对象并调用方法
    Vehicle v=new Car();
    System.out.print("实际调用的方法为：");
    v.startUp();
}
```

语法上，父类引用只能调用父类中定义的方法，若只是子类中有的方法，不能通过父类引用调用，否则编译报错。

编译运行修改后的代码，会发现运行结果与未修改代码前的运行结果保持一致，这说明当父类的引用指向子类对象时，若访问被重写的方法，则将访问被重新定义的子类中的方法。

要特别注意的是，方法的调用按对象的类型调用，无论使用什么类型的引用，其调用的都是具体对象所在类中定义的方法。这就区别于成员变量，成员变量按引用的类型调用，前面已做介绍，这里不再赘述。同时，这也是实现多态的方式，多态的问题将在 3.3 节做重点介绍。

若想构成方法的重写，子类中方法名与参数列表必须完全与被重写的父类方法相同。一旦构成重写，必须遵循以下规则。

(1)返回类型若为基本数据类型，则返回类型必须完全相同；若为对象引用类型，必须与被重写方法返回类型相同，或派生自被重写方法的返回类型。

(2)不能重写被表示为 final 的方法。

(3)访问级别的限制一定不能比被覆盖方法的限制窄，可以比被重写方法的限制宽。

(4)覆盖是基于继承的，如果不能继承一个方法，重写也就无从谈起，不必遵循覆盖规则。

3.2 终止继承：final 类和 final 方法

关键字 final 不但可以用来修饰变量，而且也会影响到类及其方法的继承。本节将从类与方法两方面介绍 final 关键字的功能。

3.2.1 final 类

当关键字 final 用来修饰类时，其含义是该类不能再派生子类。换言之，任何其他类都不能继承用 final 修饰的类，即使该类的访问限制为 public 类型，也不能被继承；否则，编译将报错。

那么什么时候应该使用 final 修饰类呢?只有需要确保类中的所有方法都不被重写时最终(final)类的建立才会有必要。final 关键字将为这些方法提供安全保证，没有任何人能够重写 final 类中的方法，因为不能继承。

【例 3-7】final 类示例。

```
//Father 类是 final
public final class Father{
}
//继承 final 的类 Father
public class Sample3_7 extends Father
{
    …
}
```

在代码编译过程中，编译找不到 Father 类。由于将 Father 声明为 final，所以 Sample3_7 类无法继承 Father 类。

3.2.2 final 方法

当用 final 关键字修饰方法后，该方法在子类中将无法重写，只能继承。

【例 3-8】final 方法示例。

```
public class Father{
    public final void show(){
    System. out. println("我是 final 方法，可以被继承，但是不能被重写");
    }
}
//Son 类继承 Father 类
public class Son extends Father{
```

```
    }
public class Sample3_8{
    public static void main(String[] args){
    //创建对象并调用方法
    Son s=new Son();
    s.show();
    }
}
```

代码能够正常编译运行，final 的方法 show 被成功继承。若试图将 final 的方法在子类中重写，编译将报错。例如，将上述代码中的 Son 类修改为：

```
public class Son extends Father
{
    public void show()
    {
        System.out.println("重写 finla 方法");
    }
}
```

在编译过程中，无法找到 Son 类。那是因为在 Son 类中的 show( )无法覆盖 Father 中的 show( )，被覆盖的方法被 final 修饰，说明 final 的方法不能被继承。

只有在子类覆盖某个方法会带来问题时，才将此方法设为 final 的方法，一般情况下不必使用。因为防止子类覆盖会失去一些面向对象的优点，包括通过覆盖实现的可扩展性。

3.3　多　　态

多态(polymorphism)原意指"多形态，同质异像"。生活中会遇到许多多态性问题，通过多态性可以方便地解决问题。

3.3.1　多态举例

1. 总台

在一些城市，设立了 110 指挥中心(总台)，市民遇到困难时可以直接拨打 110，然后根据具体情况进行处理：如果是抢救生命则转到医院；如果是火灾则转到消防；如果是违法犯罪则转到警局等。这样的 110 总台就具有多面性，也就是多态性，这为人们的生活带来了很大方便。

2. 求几何体的体积

如何计算各种几何体的体积?针对长方体写一个体积计算方法、针对球体写一个体积计算方法等。如果要调用长方体体积计算方法时，就要知道这个具体方法；如果需要调用球体体积计算方法，则需调用另一个计算方法等,这样程序员需要记住大量体积计算方法。

实际上，可以把这些几何体抽象一下，都看成是一种几何体。这样可以在抽象的几何体中提供一个计算体积的方法 getVolume()，该方法可由每个具体的几何体来实现。这样,抽象的几何体的 getVolume()方法就像一个收费室，根据具体的几何体来计算体积。

3.3.2　多态类型

多态性是面向对象编程的三大特征之一。在面向对象编程中，多态性是同一事物或者同一事物的某个行为在不同环境下有多种表现形态。同一事物的多态性是指该对象类型的多态性，同一事物某个行为的多态性是指对象的方法具有多态性。所以多态性可以分为两大类：类型多态和方法多态，其中方法多态性还可以进一步划分为重载多态和重写多态。

1. 类型多态

对象的数据类型也可以发生变化，称为类型多态性。子类拥有父类的属性和方法，可以将子类看作特殊的父类。Java 中可以将子类对象直接赋值给父类的一个引用变量，系统自动完成类型转换，称之为上转型(upcasting)。

【例 3-9】 测试类型多态性。

如有 Animal、Tiger 和 Sheep 三个类，Animal 是 Tiger 和 Sheep 的父类，为了测试方便，类体为空。然后定义一个主类 ObjectType，测试上转型对象的类型，代码如下。

```java
//父类：动物
class Animal{}
//子类1：老虎
class Tiger extends Animal{}
//子类2：绵羊
class Sheep extends Animal{}
//主类
public class ObjectType{
    public static void main(String[] args){
        Animal a;
        a=new Tiger();            //老虎是动物
        boolean flag=a instanceof Tiger;
        System.out.println("a instanceof Tiger is"+flag);
        a=new Sheep();          //绵羊是动物
```

```
        flag=a instanceof Sheep;
        System.out.println("a instanceof Sheep is"+flag);
    }
}
```

从程序 ObjectType 编译执行的结果可以看出。第一次将一个 Tiger 对象赋值给 Animal 的引用变量 a，则 a 对象(就是上转型对象)就是 Tiger 类型；第二次将一个 Sheep 对象赋值给 a，则 a 对象就是 Sheep 类型。对象 a 的类型发生变化，多态性就得以体现。

上转型对象的实体是子类创建的，但是失去了子类新增的成员变量和成员方法。相当于按照父类模板刻制的子类对象，是子类对象的简化对象。上转型对象不能访问子类新增的成员，可以访问子类继承或者屏蔽的类成员。另外，上转型对象可以操作子类继承的方法和重写的方法，其作用与子类对象去调用这些方法的效果是一样的。

特别注意：假设子类重写了父类的静态方法 fun()，则子类的 fun() 方法也必须是静态的。如果子类对象的上转型对象调用静态的 fun() 方法，不能调用子类重写的静态方法 fun()，调用的是父类的静态 fun() 方法。

【例 3-10】测试上转型对象的用法。

定义一个 Father 类，具有一个静态方法 h() 和一个一般方法 test()；然后 Son 类继承 Father 类，并重写了 h() 方法和 test() 方法；定义一个 Son 对象赋值到 Father 的引用变量中，也就得到了上转型对象；测试上转型对象访问重写父类的一般方法和静态方法，程序代码如下。

```
class Father{
    static void h(){
        System.out.println("Father 的静态方法 h()");
    }
    void test(){
        System.out.println("Father.test()");
    }
}
class Son extends Father{
    static void h(){                      //重写父类的静态方法 h()
        System.out.println("Son 的静态方法 h()");
    }
    void test(){                          //重写父类的 test() 方法
        System.out.println("Son.test()");
    }
}
public class StaticFun{
```

```
public static void main(String[] args){
    Father f=new Son();              //f 是个上转型对象
    f.h();                    //调用静态方法，也就是父类的静态方法
    f.test();             //调用一般的重写方法，也就是调用子类的方法
    }
}
```

2. 方法多态

一个事物的动作行为可以有多种表现形式，如哺乳动物都会发出叫声(cry)，但叫声有多种多样；又如人都要吃饭(eat)，中国人习惯使用筷子，欧美人习惯使用刀叉。也就是事物的方法具有多态性。

方法重载是指在本类中重新定义其他同名的方法；方法重写是指重新写一个与父类同构的方法，从而将父类的方法覆盖掉。同一类中，执行同名方法出现不同的行为特征，称为重载多态(横向)；父子类中，执行同一方法出现不同的行为特征，称为重写多态(纵向)。具体而言，纵向多态是父类的某个方法被多个子类重写后，父类对象(子类的上转型对象)可以调用子类重写的方法，产生不同的行为特征。

下面重点介绍重载多态。

当同一个类中出现方法名相同而方法签名有差异的多个方法时，称为方法重载。需要说明的是，一个重载方法的参数如果有继承关系，那么具体调用哪个方法与参数类型有直接关系。如果传递的实参与某个重载的形参满足"最大限度的匹配"，则调用那个重载方法。

【例 3-11】测试方法重载参数的最大匹配问题。

编写测试程序 Overload，代码如下。

```
//父类：动物
class Animal{}
//子类1：老虎
class Tiger extends Animal{}
//子类2：绵羊
class Sheep extends Animal{}
//主类
public class Overload{
    //方法重载，参数是 Animal 型
    public void test(Animal a){
        System.out.println("Animal");
    }
    //方法重载，参数是 Sheep 型
    public void test(Sheep s){
```

```
        System.out.println("Sheep");
    }
    public static void main(String[] args){
        Overload O=new Overload();
        //通过具体的参数类型，调用重载方法
        o.test(new Tiger());     //与 test(Animal)匹配
        o.test(new Sheep());     //与 test(Sheep)匹配
        o.test(new Animal());    //与 test(Animal)匹配
    }
}
```

在以上程序中，主类 Overload.java 定义了两个重载方法 test()；主方法中对象 o 调用了 3 个 test 方法：第 1 个 test 方法的实参"new Tiger()"是 Tiger 类型的对象，无法与 Sheep 匹配，只能与 Animal 匹配，所以执行的是 test(Animal)方法；第 2 个 test 方法的实参"new Sheep()"可以与 Animal 匹配，也可以与 Sheep 匹配，根据最大匹配原理，调用 test(Sheep) 方法；显然第 3 个 test 方法的实参只能与 Animal 匹配。

3.4 本 章 小 结

本章首先介绍 Java 的一项基本特性——继承，及其具体的实现方法；然后介绍 super 关键字与继承性规则、方法的继承与覆盖、final 类与 final 方法；最后讨论基于继承的多态在 Java 中的实现。通过本章的学习，为读者后面学习更多其他面向对象的知识打下了良好的基础。

练 习 题

(1)继承可以解决什么问题？

(2)类的继承是如何实现的？

(3)简述 super 关键字是如何使用的。

(4)常用的权限符包括哪些？它们的级别分别是什么？

(5)什么是方法的继承？什么是方法的重载？

(6)方法的覆盖需要遵循什么原则？

(7)Final 关键字有什么功能？

(8)Java 中实现多态的机制是什么？

(9)下面程序有何错误？

```
interface A{
    int x=0;
}
class B{
    int x=1;
}
class C extends B implements A{
    public void pX(){
        System.out.println(x);
    }
    public static void main(String[] args){
        new C().pX();
    }
}
```

第4章 多线程程序设计

4.1 进程与线程

进程与线程均属于计算机操作系统的概念，是程序运行的基本单元。Java 为开发者提供了一套线程类库，从编程角度实现线程，内容涉及如何创建线程、线程的编程方式和并发等。Java 并不是唯一提供处理线程的语言，UNIX/Linux 环境下提供的 pthread 类库，就是一套基于 XC 语言的多线程类库，C++的 boost 标准库也提供了线程的处理方法。对于学习 Java 程序设计而言，学会设计多线程程序以及应用类库提供的相关线程方法是主要方面。

进程是一个可运行的程序。启动一个程序，就启动了一个进程。当打开一个 Word 编辑文档，就执行了一个进程；如果再打开 QQ 开始上网聊天，又一个进程开始执行；运行自己编写的 Java 应用程序，也是执行一个进程。每一个进程占有自己的内存空间。操作系统周期性地将 CPU 切换到不同的任务，分时间片轮流运行每一个进程，这样看起来每一个进程都像是连续运行的。

一个进程内可以启动多个线程，线程也称为轻量级进程(light-weight process)。图 4-1 显示了进程与线程的关系。多线程就是一个进程中多段代码同时启动。一个进程的若干任务可以细分为多个部分，由多线程来处理，如上网下载游戏、歌曲，就是由多个线程同时下载，能够在很大程度上提高下载速度，整个程序的吞吐量也增强，加快反应时间。

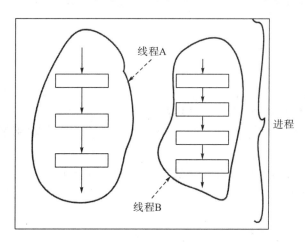

图 4-1　进程与线程

每个进程需要占用自己的内存空间，而多线程因为在同一个进程内产生，所以可以共享内存空间。创建线程比创建进程的开销要小得多，线程之间的协作和数据交换实现起来也比较容易。因此，多线程之间的操作比多进程简单得多，而且编程简单、效率高。多个线程共处于一个内存空间，能直接共享数据和资源。而多进程由于每个进程各自占有一个独立的内存空间，必须使用操作系统提供的复杂机制（如管道、消息队列、共享内存和信号量）交互，编程也比较复杂。当然，并不是多线程就绝对比多进程有优势，由于多线程共享内存资源，一旦一个线程破坏了内存，其他线程的执行就会受到一定程度的影响。所以有些情形就不得不考虑使用多进程。

4.2 Java 线程类和接口

在 Java 中，可以采用两种方法获得线程：第一种方法是扩展 java.lang.Thread 类，生成一个 Thread 类的对象，产生一个线程；第二种方法是编写一个类，使之实现 java.lang.Runnable 接口，然后在 Thread 类的构造方法中启动它。

4.2.1 Thread 类

通过继承 java.lang.Thread 类来创建线程，这是创建线程最直接的一种方式，步骤如下。

(1) 从 Thread 类中派生出一个子类，在子类中重写父类中的 run() 方法，在 run() 方法中加入具体的处理方法。

(2) 创建一个子类的对象，产生一个线程。

(3) 对象调用从 Thread 类继承而来的 start() 方法，线程启动，执行 run() 方法。

```
class MyThread extends Thread{   //从 Thread 类派生出一个子类 MyThread
    Public void run(){           //在 MyThread 中执行线程
        …
    }
}
public  class Myprog{
    public  static void main(String[] args){
        MyThread thr=new MyThread();    //产生一个子线程对象
        thr.start();
    //启动线程，必须调用 start() 方法，因为 thr.start 实际上是 Thread.start()，它将
导致 MyThread.run() 执行
    }
}
```

此例中从 Thread 类派生了一个新的子线程类 MyThread，MyThread 类重写 Thread 类的 run() 方法，其中包含了新线程的执行代码。main() 里创建一个 MyThread 的对象 thr，

调用从 Thread 继承的 start()方法启动子线程,然后自动执行 run()方法,新线程开始运行。原主线程(main 方法)将会同时继续往下执行。

子线程的 run()方法独自运行,原 main()的运行不会受到任何影响。run()方法是一个循环,将使线程一直运行下去直到不再需要。如果需要中止线程的运行,可以为 run()设定一个终止条件,使线程终止运行并退出程序。

Thread 类提供了多个构造方法以创建新线程,具体见表 4-1。

表 4-1 Thread 类的构造方法

构造方法	说明
Thread()	创建一个线程对象
Thread(Runnable target)	创建一个目标对象为 target 的线程对象
Thread(Runnable target,String name)	创建一个目标对象为 target 的名为 name 的线程对象
Thread(String name)	创建一个名为 name 的线程对象
Thread(ThreadGroup group,Runnable target)	创建一个目标对象为 target 的线程对象并指明所属线程组
Thread(ThreadGroup group,Runnable target,String name)	创建一个目标对象为 target 的名为 name 的线程对象并指明所属线程组
Thread(ThreadGroup group,Runnable target,String name,long stackSize)	创建一个目标对象为 target 的名为 name 的线程对象并指明所属线程组及占据的 stack 空间
Thread(ThreadGroup group,String name)	创建一个名为 name 的线程对象并指明所属线程组

下面举例说明由 Thread 类派生出子线程类的使用方法。

【例 4-1】由 Thread 类派生出两个子线程类 Lamb 和 Wolf,main()里分别创建两个子线程 thr1 和 thr2。

```java
public class Sample4_1{
    public static void main(String[] args){
        Lamb thr1=new Lamb();          //创建新线程 thr1
        thr1.start();                  //thr1 启动
        Wolf thr2=new Wolf();          //创建新线程 thr2
        thr2.start();                  //thr2 启动
        //主线程仍在运行
        for(int i=0;i<3;i++){
            System.out.println("main thread is running: ");
        }
    }
}
class Lamb extends Thread{
    public void run(){
        for(int i=0;i<3;i++){
```

```
                System.out.println("I'm a happy lamb");
        }
    }
}
class Wolf extends Thread{
    public void run(){
        for(int i=0;i<3;i++){
            System.out.println("I'm big bad grey wolf");
        }
    }
}
```

结果如下：

```
I'm a happy lamb
I'm a happy lamb
I'm a happy lamb
main thread is running:
main thread is running:
main thread is running:
I'm big bad grey wolf
I'm big bad grey wolf
I'm big bad grey wolf
```

程序执行时，Lamb、Wolf 和主线程 main() 这三个线程是同时执行的。一般 main() 也当作一条线程在运行，称之为主线程。输出结果显示每次运行结果有一定的差异，如果程序里同时有多条线程运行，在没有优先级规定的情况下，线程的执行次序是随机的。

4.2.2 Runnable 接口

采用 Thread 类继承方法，方法简单，但有局限性。由于 Java 只支持单继承，线程类已继承了 Thread 类，就不能再继承其他类；另外，如果一个类有了父类，也不允许继承 Thread 类。从程序设计的角度出发，需要考虑一种变通的方式。Java 提供的接口技术，可以达到多重继承的效果。

在这种情况下，Java 提供了 Runnable 接口来生成多线程。Runnable 接口的定义如下：

```
public interface Runnable{
    public void run();
}
```

实现 Runnable 接口的类需要实现其抽象方法 run() 来执行新线程的具体操作。仅仅有

run()方法还不够，接下来还需要创建新线程，那就需要采用组合的方式，在实现接口的类里创建一个新线程对象，通过该对象启动 start()来执行 run()方法。可见，Java Runnable 接口设计采用的也是一种网状层次关系结构，Thread 类可以通过接口 Runnable 运用到不同的线程程序中，这种方式比直接继承 Thread 类更灵活多变，同时也保证了 Thread 类还可以应用于其他的类，以不同的方式实现 run()方法。Runnable 接口的实现方式如下：

```java
class MyThread implements Runnable{        //实现一个 Runnable 接口
    public void run(){/*其他代码*/}
}
public class MyProg(){
    public static void main(String[] args){
        MyThread m=new MyThread();        //创建一个子线程 m
        Thread thr1=new Thread(m);        //把 m 作为参数传递给 Thread 的构造方法
        thr1.start();                      //启动线程
        //或者 new Thread(m).start();
    }
}
```

或者利用一条语句同时完成实例化与线程启动过程：

new Thread(new MyThread().start());

MyThread 类实现了 Runnable 接口，同时也重写了 run()方法。main()里创建了一个线程 thr1，把 MyThread 对象作为实参传递给 Thread 的构造方法，使之能在 Thread 类中运行，如此一来，当 thr1 调用 start()方法启动此线程时就会在子线程上运行 run()方法。这里创建线程调用了 Thread 类带参数的构造方法：public Thread(Runnable target)，任何实现接口 Runnable 类的对象都可以作为参数 target。

采用实现 Runnable 接口的方式，可以继承其他的类。在这种方式下，类之间的关系就比较清楚，使面向对象的思想能够很好地体现出来，所以非常适合采用多个线程来处理同一项事务的情况。

【例 4-2】分别用继承方法和实现接口方法创建两个线程。Wolf 类实现 Runnable 接口，Lamb 类继承 Thread 类。

```java
//Lamb 类继承 Thread 类
class Lamb extends Thread{
    public void run(){
    for(int i=0;i<3;i++)
        System.out.println("I'm a happy lamb");}
    }
    //wolf 类实现 Runnable 接口
```

```
class Wolf implements Runnable{
    public void run(){
        for(int i=0;i<3;i++)
            System.out.println("I'm a big bad grey wolf");  }
}
public class Sample4_2{
public static void main(String[] args){
    Lamb xiyangYang=new Lamb();
    wolf greywolf=new wolf();
    Thread t1=new Thread(greywolf);
    xiyangyang.start();
    t1.start();
    for(int i=0;i<3;i++)
        System.out.println("main thread is running");
}
}
```

4.3 线程调度与控制

线程是动态运行的实体，在生命周期中有不同的状态。通常是由 CPU 或 JVM 来处理线程不同状态之间的转换。用户也可以通过某些方法对线程进行调度和控制。

4.3.1 线程状态

线程的生命周期经历了从新建到就绪、运行、阻塞，最后到死亡的不同状态，状态之间的转换如图 4-2 所示。

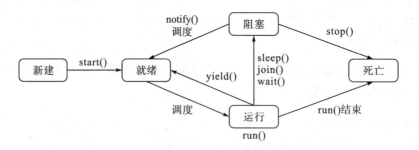

图 4-2　线程状态之间的转换

使用构造方法创建线程对象后，线程会处于新建状态。此时的线程对象仅被分配了内存空间，并没有开始多线程运行。

新建状态的线程通过调用 start()方法进入就绪状态。除此之外，阻塞状态的线程重新运行前，运行状态的线程放弃 CPU，也都将转换成就绪状态。它们一起排队等待系统分配 CPU 使用权，以便开始或再次运行。

就绪状态的线程一旦获得 CPU 使用权，便进入运行状态，开始或继续执行 run() 方法。运行状态的线程会有以下三种不同的结局：由于某种原因导致不能再运行下去，转为阻塞状态；没有完成 run() 方法的执行却放弃了 CPU，转为就绪状态；结束了 run() 方法的执行，转为死亡状态。

运行中的线程因某种原因无法继续运行下去，将转入阻塞状态。导致该线程阻塞的原因消失后，线程将重新进入就绪状态，以便再次运行。

run() 方法执行完毕，或被强行终止，线程进入死亡状态，生命周期结束。

4.3.2 线程调度

处于就绪状态的线程自动获得一个反映线程重要或紧急程度的优先级，并按照优先级排队等待 CPU 资源。Java 中，JVM 负责线程的调度，在优先级的基础上依据"先到先服务"的原则为各线程分配 CPU 使用权。如果有更高优先级的线程进入就绪状态，该线程将抢占低优先级线程所使用的 CPU。

获得 CPU 使用权的线程在出现下列情况之一时会让出 CPU。

(1) JVM 强制线程放弃 CPU，如 CPU 时间结束、有更高优先级线程进入就绪状态。

(2) 因某种原因导致线程不能继续运行下去，如等待输入输出、休眠、等待消息等。

(3) run() 方法执行结束，或被强行退出。

线程和操作系统的关系非常密切，不同运行环境下线程调度的方式会有一定差异，依赖操作系统 JVM 的具体实现也不尽相同。程序还可以通过执行某些线程控制方法影响线程的调度。

JVM 主要依据优先级进行线程调度。Java 线程的优先级为 1~10，其中 10 的优先级最高。Thread 类定义了三个静态 int 型常量：MAX_PRIORITY、MIN_PRIORITY 和 NORM_PRIORITY，分别表示优先级 10、1 和 5，默认是 5。

通常，JVM 选择优先级高的线程运行。对于相同优先级的多个线程，JVM 会随机选择一个运行。

Thread 类的 setPriority() 和 getPriority() 方法分别用来设置和获取线程的优先级：

public final void setPriority(int newPriority)

public final int getPriority()

例如：

```
Thread t=new Thread();
t.setPriority(8);
System.out.println("Priority="+t.setPriority());
```

程序运行结果将显示

Priority=8

4.3.3 线程控制

Thread 类中定义的若干方法可以对线程的状态进行控制。

1. 线程休眠

线程休眠将使线程转到阻塞状态。休眠结束后，线程转为就绪状态。Thread 类的静态方法 sleep() 可使当前正在执行的线程按指定的毫秒数休眠：

$$public\ static\ void\ sleep\,(longmillis)\ throws\ InterruptedException$$

如果任何线程中断了当前线程，sleep() 方法将抛出 InterruptedException 异常。例如：

```
try{
    Thread.sleep(100);
}catch(InterruptedException ie){}
```

线程休眠能让其他线程获得运行机会。休眠后的线程转入就绪状态，再次运行的时间由 JVM 决定。

2. 让出 CPU 时间

线程让出 CPU 时间会令线程暂停。Thread 类的 yield() 方法使当前线程让出 CPU 时间，把执行的机会让给其他线程。方法是：

$$public\ static\ void\ yield\,()$$

调用 yield() 方法后，当前运行的线程将转为就绪状态，如果没有其他就绪线程，该线程会继续运行。使用 yield() 方法可以实现线程之间的适当轮转执行，在多个合作的线程中它使用得比较多，同时可最大限度地避免出现 CPU 空闲的情况。

3. 等待其他线程结束

Thread 类的 join() 方法可以让当前线程等待至其他线程结束后再运行。运行过程是当前线程调用另一个线程的 join() 方法后转为阻塞状态，待线程运行结束后，再转为就绪状态准备接着运行。方法是：

$$public\ final\ void\ join\,()\ throws\ InterruptedException$$
$$public\ final\ void\ join\,(long\ millis)\ throws\ InterruptedException$$

其中可以指定等待时间 millis。

join() 方法的实际效果是让当前线程接着另一个线程运行，可以用来实现线程同步。

4. 守护线程

Java 线程有用户线程和守护线程之分，通常创建的线程是用户线程。JVM 会等待所有用户线程结束后才退出，但不会等待守护线程。因此，当所有的线程都是守护线程时，JVM 不再等待，将会直接退出。

Thread 类有两个与守护线程有关的方法：

$$public \ final \ void \ setDaemon(boolean \ on)$$

$$public \ final \ boolean \ isDaemon()$$

在启动线程之前，以 true 为参数调用 setDaemon()方法可以设置线程为守护线程。isDaemon()方法判断线程是否为守护线程。

4.4　线程的同步机制

在使用多线程时，由于可以共享资源，有发生冲突的可能。例如，有两个线程，thread1 负责写，thread2 负责读，当它们操作同一个对象时，会因 thread1 与 thread2 是同时执行的，而出现 thread1 修改了数据、thread2 读出的仍为旧数据的情况，此时用户将无法获得预期的结果。这主要是由于资源使用协调不当(不同步)造成的。以前，这个问题一般由操作系统解决，而 Java 提供了自己协调资源的方法。

Java 提供了同步方法和同步状态来协调资源。Java 规定：被宣布为同步(使用Synchonized 关键字)的方法、对象或类数据，在任何一个时刻只能被一个线程使用。通过这种方式使资源合理使用，达到线程同步的目的。

1. 用 Java 关键字 Synchonized 同步对共享数据操作的方法

在一个对象中，用 Synchonized 声明的方法为同步方法。Java 中有一个同步模型——监视器，它负责管理线程对对象中同步方法的访问，原理是：赋予该对象唯一一把"钥匙"，当多个线程进入对象，只有取得该对象钥匙的线程才可以访问同步方法，其他线程在该对象中等待，直到该线程用 wait()方法放弃这把钥匙，其他等待的线程抢占该钥匙，抢占到钥匙的线程才能执行，而没有取得钥匙的线程仍被阻塞在该对象中等待。

2. 利用 wait()、notify()及 notifyAll()方法发送消息实现线程间的相互联系

Java 程序中多个线程是通过消息来实现互动联系的，线程间的消息发送可通过wait()、notify()及 notifyAll()方法很好地实现。如定义一个对象的 Synchonized 方法，同一时刻只能有一个线程访问该对象中的同步方法，其他线程被阻塞。通常可以用 notify()或 notifyAll()方法唤醒其他一个或所有线程，而用 wait()方法来使该线程处于阻塞状态。

线程的同步可通过以下程序段来理解。

```java
public void run(){
    int i=0;
    while(keepRunning)i++;//i 代表循环次数
    //输出结果
    SynchronizedShow.show(getName(),i);
    SynchronizedShow.println(getName()+"is dead!");
    }
class SychronizedShow{
```

```
//方法 show(String,int)被宣布为同步的方法，因此每次只有一个线程能调用这个方法
    public static synchronized void show(String,name,int i){
            int k;
            k=i;
            for(int j=0;j<=3;j++){
            MyThread t=(Mythread) Thread.currentThread();
            t.randomWait();
            System.out.println("I am"+name+"--I have run"+k+"times.");
            k++;
        }
    }
}
```

另外，利用 Synchronized 可以锁定对象。例如：

```
Synchronized(某个对象A){
//程序块
}
```

在此程序块中，对于相同的对象 A，在任何时候只可以有一个线程在此代码中执行，但对于不同的对象还是有很多个线程同时执行的。用同样的方法也可以协调类数据：

```
Synchroinzed(new 欲锁定的类().getmethod()){
    //程序块
}
```

方法 getmethod()是用来获取类数据的，这样通过利用 Synchronized 关键字，可以自由协调对象实体的各种数据。

同步机制虽然很方便，但仍然有导致死锁的可能性。死锁是指发生在线程之间相互阻塞的现象，这种现象造成同步线程相互等待，导致每个线程都不能往下执行。在这种情况下，多个线程都在等待对方完成某个操作，从而产生死锁现象。

例如，一个线程持有对象 X，另一个线程持有对象 Y。第一个线程在拥有对象 X 的情况下，必须拥有第二个线程所持有的对象 Y 才能执行；同样，第二个线程在拥有对象 Y 的情况下，必须拥有第一个线程所持有的对象 X 才能执行，这样这两个线程就会无限期地阻塞，这时，线程就会出现死锁。在现实程序中，错误的同步往往会出现死锁，且不易发现。就像两个人只有一双筷子使用时，每个人拿到了一根筷子，而两个人却都想得到对方的筷子，这时就产生了死锁，两人都无法得到所需的资源。

为了防止死锁问题，在进行多线程程序设计时应遵循以下原则。

(1) 在指定的任务真正需要并行时才采用多线程来进行程序设计。

(2) 在对象的同步方法中需要调用其他同步方法时必须谨慎。

(3) 在 Synchronized 封装的同步块中任务的运行时间应尽可能短，需要长时间运行的任务尽量不要放在 Synchronized 封装的同步块中。

另外，若将一个大的方法声明为 Synchronized 将会在很大程度上影响到运行效率。典型地，如果一个方法执行时间很长，而其中只有很短的一段时间访问关键数据，在这种情况下，将整个方法声明为 Synchronized，将导致其他线程因无法调用该线程的其他 Synchronized 方法进行操作而长时间无法继续执行，这将在很大程度上降低程序的运行效率。

4.5　本 章 小 结

本章介绍了进程与线程的概念、进程与线程之间的关系。

线程的实现方式有两种，一种是直接继承 Thread 类；另一种是实现 Runnable 接口。

相关但无须同步的线程用于共同完成一项任务，彼此之间没有关系。

同步线程的多个线程需要共享资源，Java 采用对象互斥锁实现了不同线程对共享数据的同步操作，即在对象本身或对象所调用的操作共享数据的方法或代码段前加上关键字 Synchronized，Synchronized 具有自动上锁和解锁功能。

交互式线程在同步的基础上增加了线程之间的通信，当一个线程在使用共享资源时，其持有对象锁，执行操作，其余的线程处于等待(wait)状态；该线程完成操作后，通知 (notify / notifyAll) 其余的线程来使用，同时释放对象锁。

多线程编程是 Java 编程的一个难点，多线程实现的语法并不难，要设计出一个好的多线程程序，掌握好与操作系统相关的线程理论知识是非常关键的。

练　习　题

(1) 线程与进程的关系及区别是什么？

(2) 如何在 Java 程序中实现多线程？

(3) 简述 Thread 类或 Runnable 接口两种方法的异同。

(4) 什么是死锁，如何避免死锁？

(5) 线程都有哪些状态？它们之间是如何转换的？

(6) 采用 Java 多线程技术，设计实现一个银行 ATM，假设用户插入银行卡后，该 ATM 需要实现以下功能：①读取用户信息；②如果是本地银行用户，进行交易；③如果是其他银行用户，与用户所在银行连接。考虑到同步问题，给出分析过程说明。

(7) 写一个多线程的程序，实现 Writer(作者)和 Reader(读者)共享文件。在一个文件里保存一篇文章(可以为简单的英文句子或几个单词)，Writer 可以修改这篇文章(如往文件里添加新的单词)，Reader 可以阅读这篇文章。采用多线程实现：Writer 在修改这篇文章时，Reader 不可以阅读文章，而 Reader 阅读文章时，Writer 不可以修改文章。

(8)写一个线程 A 从键盘一次读一句英文句子，线程 B 和线程 C 分别处理这个句子，如果线程 A 读入的句子为大写字母，则由线程 C 保存到一个文件里；否则交给线程 B 处理，在屏幕上显示出这个句子。

(9)以多线程机制设计公交车后台管理系统，针对每一个来自图形用户界面的请求，都创建一个子线程来处理。如用户从界面输入了一辆 Bus 的信息，立刻创建一个子线程来处理这个请求，把 Bus 信息存储到数据库里。类似地，改用多线程设计航空订票系统。

第 5 章　输入输出和异常处理

5.1　数据流概述

5.1.1　I/O 流的概念

在 Java 的 I/O 中有一个非常形象的概念——流(stream)，它是不同类型输入源与输出源的统称。一个流可以理解为水管的一端，而其中流淌着如同水一样(输入或输出)的数据，如字符串、文字、图像和声音等，称为数据流。

流可以进一步划分为输入流和输出流两类，当程序从键盘(文件或网络)读取数据时，键盘是一个输入流；当向屏幕(文件或网络)写数据时，屏幕则是一个输出流。输入流是数据提供者，可从中读取数据；而输出流则是数据接收者，可往其中写数据。图 5-1 显示了程序从一个源端(输入流)读取数据，把数据写到目的端(输出流)中。

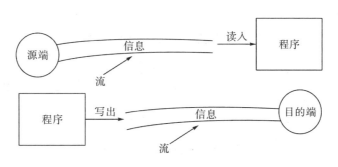

图 5-1　输入输出流示意图

Java 采用流的概念使输入源与输出源的类型能够得以有效屏蔽,都把它们看作一种抽象的概念流。同时，也屏蔽了数据本身的类型，任何数据都可看作是抽象的数据流。

无论数据从哪里来到哪里去，以及数据本身是什么类型，以下三个步骤都是读写数据的方法需要遵循的：打开一个流，读(或写)信息，关闭流。I/O 流类一旦被创建就会自动打开。

5.1.2　Java 数据流类

1. 基本 I/O 流

Java 实现 I/O 操作的数据流类定义在 java.io 包中，以下 4 个抽象类是最基本的：InputStream(字节输入流)、OutputStream(字节输出流)、Reader(字符输入流)和 Writer(字符输出流)。它们声明了有关输入输出的基本操作，但不能被实例化。其他数据流类都是由以上抽象类派生出来的。

　　继承自 InputStream 和 OutputStream 类的流都是字节流。InputStream 类的层次关系如图 5-2 所示。

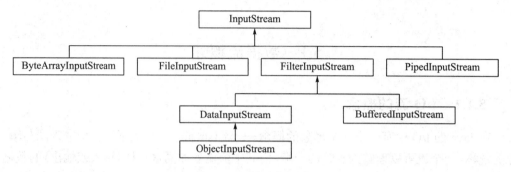

图 5-2　InputStream 类及其子类

OutputStream 类的层次关系如图 5-3 所示。

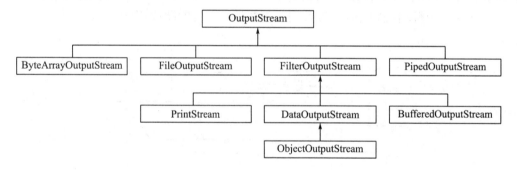

图 5-3　OutputStream 类及其子类

　　Reader、Writer 跟 InputStream、OutputStream 比较类似，不过其为面向字符单位的 I/O 类。Reader 类的层次关系如图 5-4 所示。

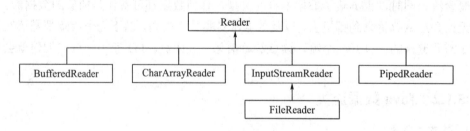

图 5-4　Reader 类及其子类

Writer 类的层次关系如图 5-5 所示。

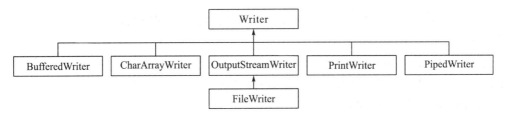

图 5-5 Writer 类及其子类

这 4 个抽象类中，InputStream 和 Reader、OutputStream 和 Writer 分别定义了类似的方法，实现了对字节和字符的基本 I/O 操作。在它们的基础上，数据流又被扩展成缓冲流、过滤流等，以使特定的功能得以顺利完成，让数据流更加方便实用。

2. Java 标准数据流

Java 通过 System 类实现字符方式下的标准输入输出。System 类定义在 java.lang 包中，被声明为一个最终类：public final class System。这个类只有 3 个成员：in、out 和 err。

程序中经常用到的 System.in 是 Java 标准输入流，InputStream 类的实例用于从键盘读取字节。它的定义是 public static final InputStream in。

Java 标准输出流 System.out 并不属于 OutputStream 类型，而是继承自 OutputStream 的 FiherOutputStream 类的子类 PrintStream 的实例，用于向屏幕输出数据。它的定义是 public static final PrintStream out。

System.err 类似于 System.out 的定义，但它实现标准错误的输出。

3. I/O 异常类

I/O 操作的很多方法在发生异常时会抛出 IOException 异常类对象。它有很多子类，如 SocketException、FileNotFoundException、InterruptedIOException、ObjectStreamException、MalformedURLException、UnsupportedEncodingException、UnknownHostException 和 EOFException 等，都可以用来确定具体的异常问题。

5.2 字节流与字符流

5.2.1 字节流

抽象类 InputStream 是所有字节输入流的超类，一般使用其子类对象读取数据。抽象类 OutputStream 是所有字节输出流的超类，一般使用其子类对象输出数据。

1. InputStream 类和 OutputStream 的常用方法

1）InputStream 类的常用方法

（1）abstract int read()：从数据源中读取一个字节并返回它的值（0～255 的一个整数），数据流结束时则返回-1。

（2）int read（byte b[]）：从数据源中试图读取 b.length 个字节到 b 中，返回实际读取的字节数目，数据流结束时则返回-1。

（3）int read（byte b[],int off,int len）：从数据源中试图读取 len 个字节到 b 中，并从 b 的 off 位置开始存放，返回实际读取的字节数目，数据流结束时则返回-1。

（4）void close（）：关闭输入流。

（5）long skip（long numBytes）：跳过 numBytes 个字节，并将实际跳过的字节数目返回。

2）OutputStream 类的常用方法

（1）void write（int n）：向输出流写入一个字节。

（2）void write（byte b[]）：将一个字节数组 b 写入输出流。

（3）void write（byte b[],int off,int len）：从字节数组 b 的偏移量 off 处，取 len 个字节写到输出流。

（4）void close（）：关闭输出流。

（5）void flush（）：将任何缓冲数据写入输出流。

2. FileInputStream 类

FileInputStream 类是 InputStream 类的子类，文件内容的读取可通过使用该类对象实现。

FileInputStream 类的构造方法如下：

```
public FileInputStream（String name）throws FileNotFoundException
public FileInputStream（File file）throws FileNotFoundException
```

其中，name 为文件名；file 代表 File 对象。以文件名或 File 对象构造文件输入流，通过文件输入流对象读取文件。

【例 5-1】从磁盘上读取 d:/write.txt 文件内容，并在文本区中显示出来。

```
import java.io*; import java.awt.*; import java.event.*;import javax.
swing.*;
pubic class ReadFileData{
    public static void main(String[] args){
        int b;
        Label lab;
        TextArea textArea;
        byte temp[]=new byte[25];//用字节数组作为缓冲区
        Frame window=new Frame(); window.setSize(400,400);
        lab=new Label();lab.setText("文件d:/write.txt的内容如下:");
        textArea=new TextArea(10,16);
        window.add(lab,BorderLayout.NORTH);
        window.add(textArea,BorderLayout.CENTER);
        window.validate();window.setVisible(true);
```

```
        window.addWindowListener(new WindowAdapter(){
            public void windowClosing(WindowEvent e)
    {System.exit(0);
    });
    try{
        File f=new File("d:/write.txt");//创建文件对象
        FileInputStream readfile= new FileInputStream(f);//创建文件输入流对象
        while((b=readfile.read(temp,0,25))!=-1){//将输入流写入数组 temp
            String s=new String(temp,0,b);
            textArea.append(s);
        }
        readfile.close; //关闭输入流
        }catch(IOException e){
        lab.setText("文件打开出现错误！");}
    }
}
```

3. FileOutputStream 类

FileOutputStream 类是 OutputStream 类的子类，将数据写入文件可以通过该类对象的使用来得以实现。FileOutputStream 类的构造方法如下：

　　　　public FileOutputStream（String name）throws FileNotFoundException

　　　　　　public FileOutputStream（File file）throws FileNotFoundException

　public FileOutputStream（String name，boolean append）throws FileNotFoundException
其中，name 为文件名；file 为 File 对象；append 表示文件的写入方式。当 append 的值为 false 时，为重写方式，即从文件开头写入内容，将以前的文件内容覆盖掉；当 append 的值为 true 时，为添加方式，即将写入的内容添加到文件的尾部。append 的默认值是 false。可以以文件名或 File 对象构造文件输出流对象，通过文件输出流对象将内容写入文件。

【例 5-2】把从键盘输入的一行字符写到文件 D:\myInput.txt 中。

```
import java.io*;
pubic class WriteFileData{
    public static void main(String[] args){
        int count, n=512;//设置缓冲区大小
        byte buffer[]=new byte[n];//字节数组作为缓冲区
        try{
            Sytem.out,println("请输入文字，按回车键结束");
            count=System.in.read(buffer);//读取标准输入流，把从键盘输入的字符
存入 buffer
```

```
        FileOutputStream=new FileOutputStream("D:\myInput.txt");
        wf.write(buffer,0,count);//把 buffer 的内容写到文件中
        wf.close();
        System.out.print("您输入的内容已经保存到文件 D:\myInput.txt 中");
    }catch(IOException ioe){System.out.println(ioe);}
    catch(Exception e){System.out.println(e);}
    }
}
```

4. 字节缓存流

由于使用文件字节流读/写文件的效率低，因此在实际应用中常使用字节缓存流来读/写文件。字节缓存流包括字节缓存输入流（BufferedInputStream）和字节缓存输出流（BufferedOutputStream）。

1）字节缓存输入流（BufferedInputStream）

（1）构造方法。

①BufferedInputStream(InputStream in)：以输入流 in 为参数构造输入缓存流。

②BufferedInputStream(InputStream in,int size)：以输入流 in、缓冲区大小 size 为参数，构造输入缓存流。

实际应用中，为了有效提高文件读写的效率，FileInputStream 流经常和 BufferedInputStream 流配合使用，FileOutputStream 流经常和 BufferedOutputStream 流配合使用。

（2）构造字节缓存输入流的步骤。

为了提高读取文件的效率，通常用文件字节输入流（FileInputStream）为参数，构造字节缓存输入流（BufferedInputStream），然后用字节缓存输入流读取文件内容。

假设需要使用字节缓存流读取文件 A.txt 中的内容，则需要对文件 A.txt 进行两次封装。

①构造文件字节输入流：FileInputStream in=new FileInputStream(A.txt)。

②构造缓存输入流：BufferedInputStream inbuffer=BufferedInputStream(in)。

这时就可以让 inbuffer 调用 read()方法读取文件 A.txt 的内容。inbuffer 读取文件的过程中会进行缓存处理，使得读取效率得到有效提高。

2）字节缓存输出流（BufieredOutputStream）

（1）BufferedOutputStream 类的构造方法。

①BufferedOutputStream(OutputStream out)：以输出流 out 为参数，构造字节缓存输出流。

②BufferedOutputStream(OutputStream out,int size)：以输出流对象 out、缓冲区大小 size 为参数，构造字节缓存输出流。

（2）构造字节缓存输出流的步骤。

为了提高写文件的效率，通常以文件字节输出流（FileOutputStream）为参数，构造字节缓存输出流（BufferedFileOutputStream），然后用字节缓存输出流写入文件内容。

假设需要使用字节缓存输出流把数据写入文件 B.txt 中，则需要对文件 B.txt 进行两次

封装。

①构造文件字节输出流：FileOutputStream out=new FileOutputStream（B.txt）。

②构造字节缓存输出流：BufferedOutputStream outbuffer=BufferedOutputStream（out）。

这样就可以让 outbuffer 调用 write（）方法向文件 B.txt 写入内容，此时将会进行缓存处理，使得写入效率得到有效提高。需要注意的是，写入完毕后，必须调用 flush（）方法将缓存中的数据存入文件。

5.2.2　字符流

前面学习了使用字节流读/写文件，但是字节流不能直接操作 Unicode 字符，这是因为汉字在文件中占用 2 个字节，如果使用字节流将出现乱码现象，此时采用 Java 提供的字符流就可解决这个问题。在 Unicode 字符集中，一个汉字被看作是一个字符。

抽象类 Reader 是所有字符输入流的父类，可使用其子类对象读取数据。抽象类 Writer 是所有字符输出流的父类，可使用其子类对象输出数据。

1. Reader 类和 Writer 类

1）Reader 的常用方法

（1）int read（）：从数据源中读取一个字符，返回一个 int 型数值（0～65535），即 Unicode 字符对应的值。如果未读出字符，则返回-1。

（2）int read（char b[]）：从数据源中读取 b.length 个字符到字符数组 b 中，返回实际读取的字符数目。如果到达文件的末尾，则返回-1。

（3）int read（char b[],int off,int len）：从数据源中读取 len 个字符并从字符数组 b 的 off 位置处开始存放数据。返回实际读取的字符数目。如果到达文件的末尾，则返回-1。

（4）void close（）：关闭输入流。

（5）long skip（long numBytes）：跳过 numBytes 个字符，并将实际跳过的字符数目返回。

2）Writer 的常用方法

（1）void write（int n）：向输出流写入一个 Unicode 字符对应的数值（int 型数值）。

（2）void write（char b[]）：将字符数组 b 写到输出流。

（3）void write（char b[],int off,int length）：从字符数组 b 的 off 位移处开始，取 len 个字符写到输出流。

（4）void write（String str）：将字符串 str 写到输出流。

（5）void close（）：关闭输出流。

2. FileReader 类

FileReader 类是 Reader 类的子类，可以使用 FileReader 对象从文件中读取数据。FileReader 类的构造方法如下。

（1）public FileReader（File file）throws：用 File 代表的文件构造输入流。

（2）public FileReader（String name） throws：用文件名构造输入流。

其中，name 为文件名，file 为 File 对象，即可以用文件名或 File 对象构造文件输入流对象，然后通过文件输入流读取文件。

【例 5-3】 利用 FileReader 类对象从磁盘上读取文件，在文本区中将代码显示出来。

```java
import java.awt.*;import java.awt.event.*;import java.io.*;
class FileReaderDemo{
    public static void main(String[] args){
        int b;//保存实际读取的字符数目
        char[] temp;//定义字符数组
        Label lab=new Label();
        TextArea textArea=new TextArea(10,16);
        Frame window=new Frame();
        window.setSize(400,400);
        window.add(lab,BorderLayout.NORTH);
        window.add(textArea,BordLayout.CENTER);
        window.setVisible(true);
        window.addWindowListener(new WindowAdapter(){
            public void windowClosing(WindowEvent e){
                System.exit(0);}
        })
        try{
                File f=new File("d:\write.txt");//创建文件对象
                FileReader readfile=new FileReader(f);//创建 FileReader 流,
以便读取文件
                int length=(int)f.length();//获取 f 文件的字符数组
                temp=new char[length];//创建字符数组
                lab.setText("文件"+f+"的内容如下：");
                while((b=readfile.read(temp,0,length))!=-1){//将输入流数据
读入数组 temp 中
                    String s=new String(temp,0,b);//将数组 temp 转换为字符串
                    textArea.append(s);//将字符串添加到文件区 textArea
                    }
                readfile.close();   //关闭输入流
        }catch(IOException e){
            lab.setText("文件打开出现错误！");
        }
    }
}
```

3. FileWriter 类

FileWriter 类是 Writer 类的子类,可以使用该类对象将数据写入文件。FileWriter 类的构造方法如下:

$$\text{public FileWriter(File file) throws IOException}$$
$$\text{public FileWriter(String name) throws IOException}$$
$$\text{public FileWriter(File file,boolean append) throws IOException}$$
$$\text{public FileWriter(String name,boolean append) throws IOException}$$

其中,name 为文件名;file 为 File 对象;append 表示文件的写入方式。append 的值为 false 时,为重写方式,即将要写入的内容从文件开头写入,将以前的文件内容都覆盖掉;当 append 的值为 true 时,为添加方式,即将要写入的内容添加到文件的尾部。append 的默认值是 false。可以以文件名或 File 对象构造文件输出流对象,通过文件输出流对象写文件。

【例 5-4】利用 FileWriter 对象把从键盘输入的一行字符写到文件 D:\myInput.txt 中。

```java
import java.io.FileWriter; import java.io.IOException;
public class FileWriteDemo{
    public static void main(String[] args){
        int count,n=512;//n 为缓冲区大小,count 用来保存实际读取的字符数组
        byte buffer[]=new byte[n];//创建字节缓冲区
        try{
            System.out.println("请输入文字,按回车键结束");
            count=System.in.read(buffer);//把从键盘敲入的字节流存入buffer
            str=new String(buffer);//将字节数组转变为字符
            charBuff=str.toCharArray();//将字符串 str 转换为字符数组
            FileWriter wf=new FileWrite("D:\myInput.txt");
        }catch(IOException ioe){ System.out,println(ioe);}
        catch(Exception e){ System.out,println(e);}
    }
}
```

4. 字符缓存流

由于使用 FileReader 类和 FileWriter 类读/写文件效率不高,针对这个问题,在实际应用中一般都用字符缓存流来读/写文件。字符缓存流包括字符缓存输入流(BufferedReader)和字符缓存输出流(BufferedWriter)。

1)字符缓存输入流(BufferedReader)

(1)BufferedReader 类的构造方法。

①BufferedReader(Reader in):以输入流 in 为参数,构造缓存输入流。

②BufferedReader fReader in int sz):以输入流 in、缓冲区大小 size 为参数,构造缓存

输入流。

(2)构造字符缓存输入流的步骤。

为了提高读取文件的效率，通常以文件字符输入流(FileReader)为参数构造字符缓存输入流(BufferedReader)，然后通过字符缓存输入流读取文件内容。

假设需要使用字符缓存输入流读取文件 A.txt 中的内容，则需要对文件 A.txt 进行两次封装。

①构造文件字符输入流：FileReader in=new FileReader(A.txt)。

②构造字符缓存输入流：BufferReader inbuffer=BufferedReader(in)。

这样就可以让 inbuffer 调用 readLine()方法读取文件内容，inbuffer 读取文件的过程中会进行缓存处理，使得读取效率得到有效提高。

2)字符缓存输出流(BufferedWriter)

(1)BufferedWriter 类的构造方法。

$$BufferedWriter(Writer\ out)$$
$$BufferedWriter(Writer\ out\ int\ size)$$

其中，out 是字符输出流对象；size 是缓冲区大小。

(2)构造字符缓存输出流的步骤。

为了提高写文件的效率，通常以文件字符输出流(FileWriter)为参数构造字符缓存输出流(BufferedWriter)，然后通过字符缓存输出流把数据写入文件。

假设需要使用字符缓存输出流把数据写入文件 B.txt 中，则需对文件 B.txt 进行两次封装。

①构造文件字符输出流：FileWriter out=new FileWriter(B.txt)。

②构造字符缓存输出流：BufferedWriter outbuffer=BufferedWriter(out)。

这样就可以让 outbuffer 调用 write()方法向文件写入内容，此时将进行缓存处理，使得写入效率得到有效提高。需要注意的是，写入完毕后，必须调用 flush()方法将缓存中的数据存入文件。

5.3　文　件　操　作

前面的章节介绍了 Java 中的各种 I/O 流，在使用 I/O 流的过程中很多情况下源与目标都是文件。因此，本节主要介绍如何在 Java 中获取目录、文件的信息以及对目录、文件进行管理。

5.3.1　File 类

Java 中专门提供了一个表示目录与文件的类——Java.io.File，在此基础上能够获取文件、目录的信息，对文件、目录进行管理。File 类一共提供了 4 个构造器，表 5-1 列出了常用的 3 个。

表 5-1　File 类的常用构造器

构造器声明	功能
public File(String pathname)	通过指定的路径名字符串 pathname 创建一个 File 对象，如果给定字符串是空字符串，那么创建的 File 对象将不代表任何文件或目录
public File(String parent,String child)	根据指定的父路径名字符串 parent 以及子路径字符串 child 创建一个 File 对象。若 parent 为 null，则与单字符串参数构造器效果一样，否则 parent 将用于表示目录，而 child 则表示该目录下的子目录或文件
public File(File parent,String child)	根据指定的父 File 对象 parent 以及子路径字符串 child 创建一个 File 对象。若 parent 为 null，则与单字符串参数构造器效果一样，否则 parent 将用于表示目录，而 child 则表示该目录下的子目录或文件

File 对象中只封装了关于对应文件或目录的一些信息，文件内容并不包括在内，要想获取文件的具体内容需要使用流。

创建 File 对象后可以通过其提供的方法来进行各种操作，表 5-2 列出了 File 类中提供的一些常用方法。

表 5-2　File 类中的常用方法

方法声明	功能
public String getName()	返回此 File 对象表示的文件或目录的名称
public String getParent()	返回此 File 对象表示的文件或目录的父目录的路径名字符串，如果没有父目录，则返回 null
public File getParentFile()	返回一个 File 对象，该对象将表示当前 File 的父目录，如果没有父目录，则返回 null
public String getPath()	返回此 File 对象表示的文件或目录的路径字符串
public boolean isAbsolute()	测试此 File 对象是否采用的是绝对路径，若是则返回 True，否则返回 False
public String getAbsolute Path()	返回此 File 对象对应的文件或目录的绝对路径字符串
public boolean canRead()	测试 File 对象对应的文件是否可读，若是则返回 True，否则返回 False
public boolean canWrite()	测试 File 对象对应的文件是否可写，若是则返回 True，否则返回 False
public boolean canExecute()	测试 File 对象对应的文件是否可执行，若是则返回 True，否则返回 False
public boolean exists()	测试 File 对象对应的文件或目录是否存在，若是则返回 True，否则返回 False
public boolean isDirectory()	测试 File 对象表示的是否为目录，若是则返回 True，否则返回 False
public boolean isFile()	测试 File 对象表示的是否为文件，若是则返回 True，否则返回 False
public boolean isHidden()	测试 File 对象表示的是否为隐藏文件或目录，若是则返回 True，否则返回 False
public long lastModified()	返回 File 对象表示的文件或目录的最后修改时间，时间采用距离 1970 年 1 月 1 日 0 时的毫秒数来表示
public long length()	返回 File 对象表示的文件或目录的大小，以字节为单位
public boolean createNew File() throws IOException	若 File 对象表示的文件不存在，可以调用此方法创建一个空文件。若创建成功则返回 True，否则返回 False
public boolean delete()	删除 File 对象表示的文件或目录，如果表示的是目录，则该目录必须为空才能删除。若成功删除则返回 True，否则返回 False
public String[] list()	若 File 对象表示的是一个目录，调用此方法则可以返回此目录中文件与子目录的名称，返回的名称都组织在一个字符串数组中
public File[] listFiles()	若 File 对象表示的是一个目录，调用此方法则可以返回此目录中文件与子目录对应的 File 对象，返回的 File 对象都组织在一个 File 数组中

方法声明	功能
public boolean mkdir()	创建此 File 指定的目录，若成功创建则返回 True，否则返回 False
public boolean mkdirs()	创建此 File 指定的目录,其中包括所有必需但不存在的父目录,若成功创建则返回 True,否则返回 False

5.3.2　File 类的使用

通过 5.3.1 节的介绍，对 File 类有了一定了解。本节将通过一个具体示例来对 File 类使用做进一步介绍。例 5-5 展示了创建 MyFile 文件夹，接着在 MyFile 文件夹下创建 ChildFile.txt 文件，并向文件中写入字符串。

【例 5-5】File 示例。

```java
import java.util.*; import java.io.*;
public class Sample5_5{
    public static void main(String[] args){
        try{
            //创建一个表示不存在子目录的 File 对象
                File fp=new File("MyFile");
                //创建该目录
                fp.mkdir();
                //创建一个描述 MyFile 目录下文件的 File 对象
                File fc=new File(fp,"ChildFile.txt");
                //创建该文件
                fc.createNewFile();
                //创建输出流
                FileWriter fo=new FileWriter(fc);
                BufferedWriter bw=new BufferedWriter(fo);
                PrintWriter pw=new PrintWriter(bw);
                //向文件中写入 5 行文本
                for(int i=0;i<5;i++){
                    pw.println("["+i+"]Hello World!你好,本文件由程序创建!");
                }
                //关闭输出流
                pw.close();
                //打印提示信息
                System.out.println("恭喜你,目录以及文件成功建立,数据成功写入!");
        }catch(Exception e){
            e.printStackTrace();
        }
```

```
        }
    }
```

上述代码的功能为,首先在程序的执行目录下创建 MyFile 文件夹,然后在 MyFile 文件夹下创建 ChildFile.txt 文件,并向文件中写入 5 行文本。

从本例中可以看出,通过使用 java.io 包中提供的 File 类可以方便地对文件、目录进行管理。实际开发中如果有需要,可以参照本例完成相关开发工作。

5.4 对 象 流

除了字节流和字符流之外,JDK1.1 以后的 java.io 包中提供了另一种特殊的对象流(object stream)。对象流以字节流为基础,可用于持久化保存对象。对象流符合面向对象的特征,把数据流看作是以对象为单位,封装了对象内的具体数据类型。

把 Java 对象转换为字节序列的过程,称为对象序列化(object serialization)。

把字节序列恢复为 Java 对象的过程,称为对象反序列化。

对象序列化的过程就是将对象写入字节流和从字节流中读取对象。对象序列化可以把 Java 对象和基本数据类型转换成一个适合于网络或文件系统的字节流,也就是可以实现一个 Java 对象与一个二进制流的相互转换。

对象序列化的用途主要体现在以下两个方面。

(1)把对象的字节序列永久地保存在硬盘上,通常存放在一个文件中。

(2)在网络上传送对象的字节序列:无论是何种类型的数据,都会以二进制序列的形式在网络上传送;发送方需要把这个 Java 对象转换为字节序列,才能在网络上传送;接收方则需要把字节序列恢复为 Java 对象。对象序列化功能非常简单、强大,在 RMI、Socket 和 EJB 都有应用。

对象序列化通过两个读写类 ObjectInputStream 和 ObjectOutputStream 实现对象的读写,采用 ObjectOutputStream 类把对象写入文件、ObjectInputStream 类把对象读入程序。

对象序列化不保存对象的 transient 及 static 类型的变量,当序列化某个对象时,如果该对象的某个变量是 transient,那么这个变量不会被序列化。对于需要屏蔽的数据,如密码可以定义为 transient 变量。

对象所属的类实现序列化的前提条件是必须实现 Serializable 接口。ObjectOutput Stream 类常用方法见表 5-3。

表 5-3   ObjectOutputStream 类常用方法

方法	说明
replaceObject(Object obj)	在序列化期间,此方法允许 ObjectOutputStream 的子类使用一个对象代替另一个对象
reset()	重置已写入流中的所有对象的状态
write(byte[] buf)	写入一个 byte 数组

方法	说明
write（byte[] buf,int off,int len）	写入 byte 子数组
write（int val）	写入一个字节
writeBoolean（boolean val）	写入一个 boolean 值
writeByte（int val）	以字节序列形式写入一个 byte
writeBytes（String str）	以字节序列形式写入一个 String
writeChar（int val）	写入一个 16 位的 char 值
writeChars（String str）	以 char 序列形式写入一个 String
writeClassDescriptor（ObjectStreamClass desc）	将类描述符写入 ObjectOutputStream
writeDouble（double val）	写入一个 64 位的 double 值
writeFields（）	将已缓冲的字段写入流中
writeFloat（float val）	写入一个 32 位的 float 值
writeInt（int val）	写入一个 32 位的 int 值
writeLong（long val）	写入一个 64 位的 long 值
writeObject（Object obj）	将对象 obj 写入 ObjectOutputStream
writeObjectOverride（Object obj）	子类调用此方法重写默认的 writeObject 方法
writeShort（int val）	写入一个 16 位的 short 值
writeUTF（String str）	以 UTF-8 修改版格式写入 String 的基本数据

【例 5-6】以存储对象的方法，采取对象序列化方式将电子产品商店的 Product 类产品数据写入文件里，然后采用对象反序列化方式把产品从文件里读取出来，其余子类产品数据的读写方式与 Product 类保持一致。

```java
import java.io.*;
//Product 类，必须实现 Serializable 接口
class  Product  implements Serializable{
    int ID;
    String name;
    String categories;
    double productPrice;
    Product(int id,String nm,String categ,double price){
        ID=id;
        name=nm;
        categoties=categ;
        productPrice=price;
    }
}
public class Sample5_6{
    public static void main(String[] args){
```

```
        Sample5_6 sa=new Sample5_6();
        sa.saveObj();
        sa.readObj();
    }
    //将数据存储到文件中
    public void saveObj(){
        Product pro=new Product(1234,"apple","computer",9999);
        try{
            FileOutputStream fo=new FileOutputStream("o.dat");
            ObjectOutputStream so=new ObjectOutputStream(fo);
            so.writeObject(pro);
            so.close();
        }catch(Exception e){
            System.err.println(e);
        }
    }
    //从文件里读出数据
    public void readObj(){
        Product prod;
        try{
            FileInputStream fi=new FileInputStream("o.dat");
                ObjectInputStream si=new ObjectInputStream(fi);
            prod=(Product)si.readObject();
            si.close();
            System.out.println("ID: "+prod.ID);
            System.out.println("name: "+prod.name);
            System.out.println("age: "+prod.categories);
            System.out.println("dept.: "+prod.productPrice);
        }catch(Exception e){
            System.err.println(e);
        }
    }
}
```

可见，采用对象序列化方式存储数据没有必要考虑数据的具体类型，无论是字节流数据还是字符流数据，都是直接把数据以对象方式写入文件里，把对象转换为字节序列，读数据时再把字节序列恢复为 Java 对象。对于 Java 类型的数据，在进行文件读写操作时，采用对象流方式比用字节流或字符流方式要简单直接得多。

5.5 异 常 处 理

5.5.1 异常类

Java 提供了所有异常的父类 Throwable，只有 Throwable 的子孙类才是异常类。如图 5-6 所示，Throwable 类有 Exception、Error、RuntimeException 三个重要子类。Error 类表示错误，如内存溢出，程序无法恢复不需要程序处理；Exception 类表示程序可能恢复的异常，其子类名均以 Exception 做后缀；RuntimeException 类是运行时异常，是由程序自身的问题引起的，如数组下标越界。

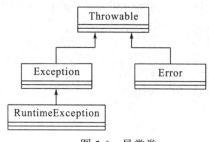

图 5-6　异常类

通过异常类对象，即可有效获取程序发生异常的信息，以便对异常进行处理。Exception 类提供了两个常用的方法：getMessage()，返回该异常的详细描述字符串；printStackTrace()，输出该异常的跟踪栈信息。还可以调用 Exception 类继承的 toString() 方法，输出异常类信息。

5.5.2 异常处理机制

对出现异常的代码进行处理称为异常处理。异常处理的能力，也是判定一门编程语言程序的重要标准，如 C++、C#、Python 等语言都提供了异常处理机制，同样 Java 语言也提供了强大的异常处理机制。异常处理机制可以让程序具有更好的容错性和健壮性。

1. try-catch

try-catch 是常用的异常处理语句，格式如下。

```
try{
    可能会出现异常的语句;
}catch(Exception e){//捕捉到的异常对象 e
    处理异常;
}
```

注意 try 后的"{}"是一定要有的，即使"{}"中只有一条语句。只要将可能会出现异常的语句放到 try 后的{}中，在 catch 块中即可捕获异常，使得异常处理能够顺利进行。

2. try-catch-finally

捕捉异常的完整格式如下。

```
try{
    可能会出现异常的语句;
}catch(Exception e){
    处理异常;
}finally{
    异常发生，方法返回之前，总是要执行的代码;
}
```

在一个 try-catch-finally 结构中，只要 try 块开始执行，finally 块中的代码保证执行一次并且只执行一次。

【例 5-7】 演示 try-catch-finally 语句进行异常处理。

在程序 TestTry 中插入了 4 个 flag，在 try 中发生 "1/0" 异常，直接跳转到 catch 中，flag2 语句不再执行，最后测试执行 finally 中的语句。代码如下。

```
//测试异常处理的完整格式
public class TestTry{
    public static void main(String[] args){
        try{
            System.out.println("flag1");
            int i=1/0;
            System.out.println("flag2");
        }catch(Exception e){          //捕获异常
            System.out.println("flag3");
            System.out,println(e);
        }finally{
            System.out.println("flag4");
        }
    }
}
```

5.5.3 抛出异常

1. throws

如果某方法不知道如何处理异常，或者不想自己去处理异常，则可以将本方法产生的异常抛出(throws)由上一级调用者处理。在 Java 应用程序中如果 main 方法不知道如何处理异常，也可以抛出异常，这时就需由 JVM 来处理。JVM 在终端打印出异常跟踪栈信息，并中止程序的运行，这就是程序遇到异常后自动结束的原因。

【例 5-8】 演示方法抛出异常。

程序 ThrowsTest 在方法 div 中抛出异常并由上一级调度者主函数进行异常处理，代码如下。

```java
public class ThrowsTest{
//该方法可能产生异常，但是不会对异常进行处理，而是直接抛出异常，由调度者去处理
    public static int div(int a,int b)throws Exception{
        return a/b;  //b 为 0，产生异常
    public static void main(String[] args){
        try{
        //调用可能抛出异常的方法，需要进行异常处理
        div(1,0)
        }catch(Exception e){
            System.out.println(e);
            System.out.println("除数不能为 0");
        }
    }
}
```

2. throw

当程序在运行中产生异常时，系统会自动抛出异常。此外，Java 也允许程序员在需要时自己抛出异常，使用 throw 语句完成。是否自己抛出异常，取决于项目程序的业务需求，如公司对招聘的人员有年龄限制，不符合年龄要求的就是一种异常。值得注意的是，throw 抛出的是一个异常类实例，所以需要通过 new 生成一个异常实例。实际上可以是自定义的异常类实例，自定义异常类在实际应用中使用不多，在此不再赘述。

【例 5-9】 演示主动抛出异常。

程序 ThrowTest 在年龄小于 0 岁或者大于 120 岁的条件下主动抛出"年龄错误"异常，代码如下。

```
import java.util.*;
public class ThrowTest{
    public static void age()throws Exception{
        Scanner cin=new Scanner(System.in);
        int age=cin.nextInt();
        //满足条件，主动抛出异常
        if(age<0||age>120)
            throw new Exception("年龄错误");
    }
    public static void main(String[] args){
        try{
            age();
        }catch(Exception e){
            System.out.println(e);
        }
    }
}
```

5.5.4 异常处理的缺点

虽然异常处理让程序具有更好的容错性，更加健壮，但是异常处理机制还不够完善。如原先流程清晰的代码加入异常处理后，其流程清晰度下降得比较明显；语法变得复杂，代码可读性变差，并且会对程序的执行效率造成一定影响。

在 Java EE 中，Struts2 框架提供了专门的程序框架处理异常，可以解决上述问题，让程序员将注意力集中在原有程序逻辑中。

5.5.5 断言

断言语言在调试程序时非常有用，断言格式为："assert 逻辑表达式:异常输出信息;"。运行 Java 程序时默认关闭断言，在程序调试时开启断言语句格式：java-ea 主类名。

【例 5-10】程序 AssertTest 演示了断言的用法。

断言语句可以起到数据范围的判定，当用户输入的年龄数据大于等于 200 时，程序的执行将会被中断，输出断言信息。代码如下。

```
import.java.util*;
public class AssertTest{
public static void main(String[] args){
    Scanner cin=new Scanner(System*in);
    int age=cin.nextInt();
```

```
        assert age<200:"要求年龄小于200";
        System.out.println(age);
    }
}
```

5.6 本 章 小 结

Java 使用流来实现数据的输入输出。本章对流的基本概念、Java 的数据流类做了简单阐述，对包括基本字节流、字符流，以及对象流的使用方式进行了详细介绍。

字符流专门用于文本类字符数据；字节流用于处理图片、声音之类的二进制数据；对象流可用于持久化保存 Java 对象，把 Java 对象写入字节流或者从字节流中读取对象。Java 的字节流由 InputStream 和 OutputStream 两个抽象类表示；字符流由 Reader 和 Writer 两个抽象类表示；对象流由 ObjectInputStream 和 ObjectOutputStream 两个抽象类表示。

文件读写数据按字节方式读取，主要相关类有 FileOutputStream 和 FileInputStream；按字符方式读取，主要相关类有 FileReader 和 FileWriter。

I/O 类库非常复杂，需要在学习基本原理的基础上，掌握查询 Java API 解决问题的技能。

练 习 题

(1) 什么是流?字节流和字符流有何异同?

(2) 可以使用字节流完成字符流的工作吗?为什么?

(3) 过滤流的主要特点是什么?

(4) 把文件内容按行读入 String 对象中使用什么流比较方便?请写出相关代码。

(5) 下列代码用于读取某长文件的字节流并将它存储到另一个文件中。请对其进行修改。

```
FileInputStream fin=new FileInputStream(输入文件名);
FileOutputStream fout=new FileOutputStream(输出文件名);
int i=fin.read();
while(i!=-1){
    fout.write(i);
    i=fin.read();
}
fin.close();
fout.close();
```

(6) 编写程序，将键盘输入的若干整数相加，并把它们全部写入给定文件中。

(7) 编写一个有几十个单词的文本文件，要求首字母按照拼音顺序对单词进行排序后从屏幕输出。

(8) 创建一个员工类（包括 ID、年龄、部门、住址和电话），保存员工信息到一个文件里，然后从文件里读取信息后显示在屏幕上。

(9) java.io 包中定义的 PipedInputStream 和 PipedOutputStream 类是专门针对线程数据 I/O 的管道流。请查阅相关 API 文档，了解它们的使用方式。

第6章 集合与泛型

6.1 集 合

6.1.1 集合概述

Java 软件中有链表、散列表及二叉树等十多种数据结构。Java 利用一组类提供了对这些重要数据结构的支持，这些数据结构合称为 Java 集合框架（collection framework）。

在 Java 的早期版本中有 Vector、Hashtable 和数组等储存许多相关对象的方式，但对怎样存储和从类中获取对象没有一种通用的做法。数组使用索引，Vector 使用 elementAt 方法，而 Hashtable 则使用 get 和 put 方法。当尝试编写某些作用于数据结构的代码时，这些代码只能分别作用于数组、Vector 或 Hashtable，无法通用于这三种数据结构，而使用集合则能有效解决这个问题。

集合（collection），有时也称为容器（container），是一个对象持有者，它包含有用的集合抽象类以及一些应用比较广泛的实现，使我们能够通过有用的方法对对象进行存储和组织，以便有效地访问。利用任何集合数据结构，都能使两个基本的功能得以顺利完成，即把对象添加到其中，然后遍历和处理这些对象，如更新或删除对象等。当然也可以执行许多的辅助操作。

之所以把大量的对象搜集到一起，这是因为我们更有兴趣把它们作为一个整体进行讨论。这些对象经常都属于同一类，或其中的一个子类，但这并不是必要的。通常把集合中的单个对象称为一个"元素"，集合中的元素类型都为 Object 类型。从集合取得元素时，必须把它转换成原来的类型。

java.util 包的集合框架提供了灵活一致的集合接口集，以及这些接口的多个有用实现。而 java.lang.UnsupportedOperationException 异常会因不适合的操作而引发。

图 6-1 为集合接口和 java.util 包提供的具体实现。

集合的主要接口包括以下几个。

Collection 接口：集合的根接口。提供诸如 add、remove、size、toArray、iterator 等方法。

Set 接口：一个没有重复元素的集合，元素的存储没有任何特定顺序，它扩展了 Collection 接口，使用自己内部的一个排列机制。

SortedSet 接口：扩展 Set 接口，按元素排列到集合。

List 接口：扩展 Collection 接口，允许重复，以元素安插的次序来放置元素，不会重新排列。

Map 接口：是一组成对的关键字-值（key-value pairs）对象。Map 中不能有重复的关键字，它拥有自己的内部排列机制，从关键字到最多一个对应值的映射。

SortedMap 接口：扩展 Map 接口，按关键字排序到 Map。

Iterator 接口：用于对象到接口，这些对象每次从一个集合上返回一个元素。这是由 Collection 接口的 iterator 方法返回的对象类型。

ListIterator 接口：List 对象的 Iterator 接口，这个对象添加了与 List 相关的方法。这是由 List 接口的 listIterator 方法返回的对象类型。

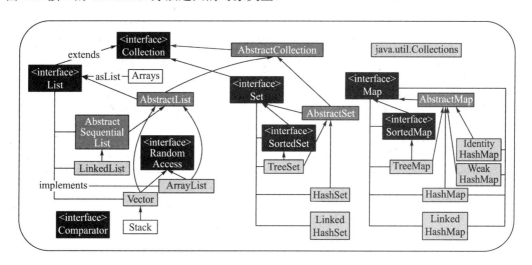

图 6-1　java.util 包的集合框架

此外，java.util 包也提供了这些接口的具体实现，这些类同时也实现类 Cloneable 和 Serializable 接口。

HashSet 类：使用散列表实现的 Set，通常比较适用于那些对内容规模比较敏感的搜索、插入、删除等操作。

TreeSet 类：使用平衡二叉树实现的 SortedSet，搜索或者修改比 HashSet 慢，但是元素的有序性得以顺利保存。

ArrayList 类：使用可变数组实现 List，如果列表比较大，那么插入或者删除一个接近于开始处大元素的代价将会很大，但是，创建的开销相对小一些，并且随机访问也会快一些。

LinkedList 类：一个实现 List 的双向链表，在任何规模下，修改所花代价相当小，但是，随机访问很慢。它对队列很有用。

HashMap 类：一个实现 Map 的散列表，它是非常有用的集合，查询与插入所耗时间非常短。

TreeMap 类：使用平衡二叉树，通过关键字保持元素有序的 SortedMap 实现。对于那些需要通过关键字进行快速查询的有序数据集有用。

WeakHashMap 类：通过弱引用对象引用关键字实现 Map 的散列表，它只在一些特定的情况下有用。

6.1.2　Collection 接口

Collection 接口是集合类数据结构的顶层接口，对集合 Set 和列表 List 的共同特性进行了描述。它们的层次结构如图 6-2 所示。

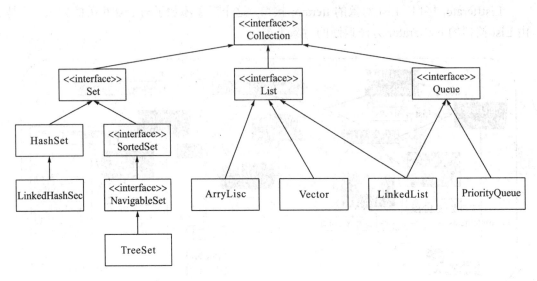

图 6-2　Collection 及其子接口和类的层次结构

Set 接口派生了 SortedSet 接口和 AbstractSet 抽象类。按顺序排列的集合 TreeSet 类和以映射方式表示集合元素的 HashSet 类继承自 AbstractSet 抽象类，前者还实现了 SortedSet 接口。

List 接口派生了 AbstractList 抽象类。基于长度可变数组的 ArrayList 类直接继承自 AbstractList 抽象类。

Collection 接口声明了 Set 和 List 的基本操作，但任何实现却未被提供。它的成员方法见表 6-1，所有实现 Collection 接口的类都必须实现这些方法。

表 6-1　Collection 接口成员方法

成员方法	说明
boolean add（E e）	添加元素 e
boolean addAll（Collection<?extends E>e）	添加集合 c 中的所有元素
void clear（）	清除所有元素
boolean contains（Object o）	判断元素 o 是否包含在集合中
boolean containsAll（Collection<?>c）	判断集合 c 中的所有元素是否包含在集合中
boolean equals（Object o）	比较集合与对象 o 是否相等
int hashCode（）	返回集合的散列值
boolean isEmpty（）	判断集合是否为空
Iterator<E>iterator（）	返回集合的迭代器

续表

成员方法	说明
boolean remove (Object o)	删除元素 o
boolean removeAll (Collection<?>c)	删除集合中包含的所有集合 c 中的元素
boolean retainAll (Collection<?>c)	删除集合中没包含的所有集合 c 中的元素
int size ()	返回集合的元素个数
Object[] toArray ()	返回包含集合中所有元素的数组
<T>T[]toArray (T[]a)	返回包含集合中所有元素的数组 a

Java API 中的 Collection 实现类都提供了两个构造方法：用于创建空集合的默认构造方法；带有一个 Collection 类型参数，用于创建具有与其参数元素相同的集合的构造方法。后者允许用户通过复制集合生成所需实现类型的一个等价集合。

6.1.3 Iterator 接口

Collection 接口的 iterator 方法返回一个实现 Iterator 接口的对象。Iterator 接口方法能以迭代方式逐个访问集合中的各个元素，并安全地从 Collection 接口中除去适当的元素。JDK 中定义的 Iterator 接口的代码示例如下：

```
//JDK 1.42 版本的 Iterator 接口
public interface Iterator{
    boolean hasNext();
    Object next();
    void remove();
}
```

Iterator 接口的方法如下。

（1）boolean hasNext()。判断是否存在另一个可访问的元素。

（2）Object next()。返回要访问的下一个元素。如果到达集合结尾，则引发 NoSuchElementException 异常。当使用 next 方法遍历元素时，如果需要，可以接着使用 remove 方法将刚返回的元素删除。next 和 hasNext 方法是一种健全的设计，能够以任何顺序调用它。它们是相对独立的，可以多次调用 hasNext 方法而不一定非要移到下一个元素时再调用，并且会返回正确的答案。

（3）void remove()。删除上次访问返回的对象。本方法必须紧跟在一个元素的访问后执行。如果上次访问后集合已被修改，方法将引发 IllegalStateException 异常。Iterator 中删除操作也会对底层 Collection 产生一定影响。

迭代器是故障快速失败（Fail-fast）型的。这意味着，当另一个线程修改底层集合时，如果正在用 Iterator 遍历集合，那么 Iterator 就会引发 ConcurrentModificationException 异常并立刻失败。

6.1.4   Set 接口

Set 集合具有数学意义上集合的特征，集合中的元素不能重复，元素之间没有次序关系。查看 Java API 文档发现，Set 接口基本类似于 Collection 接口，没有增加新方法，不同之处是 Set 集合的元素不能重复，元素之间没有次序关系。Set 判定集合中两个元素是否相等，使用 equals 方法(不使用==)。Set 接口主要有 2 个子类：HashSet 和 TreeSet。

1. HashSet

先回想一下"数据结构"课程查询算法中的 Hash(哈希，散列)算法，通过一个 hash 公式(散列公式)，将每个元素计算为一个值，然后散列分布在不同的存储区域上。HashSet 类就实现了 Hash 算法。

【例 6-1】通过 HashSetTest1 程序以 String 数据为例演示 HashSet 的用法。

```
import java.util.*;
public class HashSetTest1{
    public static void main(String[] args){
        Set<String> set=new HashSet<String>();
        set.add("X");                    //加入第1个元素
        set.add("Y");                    //加入第2个元素
        set.add("Z");                    //加入第3个元素
        set.add("X");                    //加入第4个元素，重复元素
        set.add(new String("X"));        //加入第5个元素，重复元素
        System.out.println(set);
        for(String s:set)
            System.out.println(s);
        set.remove("Y");      //删除"Y"元素
        System.out.println(set);
    }
}
```

第一次添加的"X"和第 4 次添加的"X"是同一个对象，而第五次添加的"X"是一个新的 String 对象，但是这三次添加的字符串的值是相同的。此例对 HashSet 集合中不允许元素重复进行了验证，而且元素之间是无序的。

当向 HashSet 中存入一个元素时，HashSet 会调用该对象的 hashCode 方法来得到该对象的 hashCode 值，然后根据该值来决定该对象在 HashSet 中的存储位置。如果两个元素通过 equals 方法判定结果为 true，但它们的 hashCode 值不相等，则 HashSet 也会认为是不同的元素，将按其 hashCode 值存储到相应的位置。可以得出 HashSet 集合中两个元素相等的判定标准：equals 判定结果为 true，且 hashCode 值相同。String 类已经重写了 equals

和 hashCode 方法，所以可以直接使用 HashSet 集合。结论：HashSet 集合中两个元素相等的判定方法就是重写元素类型的 equals 和 hashCode 方法。

【例 6-2】通过 Student 类重写元素类型的 equals 和 hashCode 方法，演示一般集合元素如何使用 hashSet。

```java
import java.util.*;
class Student{
    private String sid;
    private String name;
    public Student(String sid,String name){
        this.sid=sid;
        this.name=name;
    }
    //重写父类的 equals 方法，参数类型是 Object，不能是 Student
    public boolean equals(Object o){
        if(this==o) return true;
        if(!(o instanceof Student)) return false;
        Student s=(Student)o;
        if(this.name.equals(s.name) && this.sid.equals(s.sid))return true;
        else return false;
    }
    //重写父类的 hashCode()方法
    public int hashCode(){
        return this.sid.hashCode()+this.name.hashCode();
    }
    public String toString(){return this.sid+":"+this.name;}
    public String getSid() {return sid;}
    public void setSid(String sid) {this.sid=sid;}
    public String getName(){ return name; }
    public void setName(String name){this.name=name;}
}
//测试主类
public class HashSetTest2{
    public static void main(String[] args){
        Set<Student> set=new HashSet<Student>();
        set.add(new Student("110103","王五"));
        set.add(new Student("110102","李四"));
        set.add(new Student("110101","张三"));
```

```
        set.add(new Student("110104","刘六"));
        set.add(new Student("110104","刘六"));//测试重复元素
        System.out.println(set);
    }
}
```

由以上程序可以看出，元素之间是按字典顺序排序的，而且元素值是唯一的。

2. TreeSet

HashSet 集合是无序的，有序的集合有时也需要，这就要使用 Tree 集合，TreeSet 类就是最简单的。

【例 6-3】通过 TreeSetTest1 演示 TreeSet 对集合元素排序的效果。

```
import java.util.*;
public class TreeSetTest1{
    public static void main(String[] args){
        Set<String> set=new TreeSet<String>();
        set.add("X");
        set.add("Z");
        set.add("Y");
        set.add("X");   //增加重复元素
        set.add("B");
        set.add("C");
        set.add("A");
        set.add("B");   //增加重复元素
        System.out.println(set);
    }
}
```

String 类实现了 Comparable 接口中的 compareTo 方法，TreeSet 集合通过调用元素的 compareTo 方法进行元素比较完成排序功能。实际上，TreeSet 集合要求其元素实现 Comparable 接口中的 compareTo 方法，即广义上的比较关系，如学生之间可以通过学号比较来确定先后关系。

【例 6-4】重写 Student 类，演示 TreeSet 集合对一般元素的效果。

```
import java.util.*;
class Student implements Compareable<Student>{
    private String sid;
```

```
        private String name;
        public Student(String sid,String name){
            this.sid=sid;
            this.name=name;
        }
        //提供 compareTo 方法
        public int compareTo(Student s){
            return this.sid.compareTo(s.sid);
        }
        public String toString(){return this.sid+":"+this.name;}
        public String getSid(){ return sid; }
        public void setSid(String sid){ this.sid=sid; }
        public String getName(){ return name; }
        public void setName(String name){this.name=name;}
    }
public class TreeSetTest2{
    public static void main(String[] args){
        Set<Student> set=new HashSet<Student>();
        set.add(new Student("110103","王五"));
        set.add(new Student("110102","李四"));
        set.add(new Student("110101","张三"));
        set.add(new Student("110104","刘六"));
        set.add(new Student("110104","刘六"));//测试重复元素
        System.out.println(set);
    }
}
```

从以上程序运行结果可知，在 TreeSet 中 Student 是按照学号顺序进行排序的，Student 对象之间的先后顺序由 compareTo 方法决定。

6.1.5　List 接口

List 接口用来描述有序的列表。表中元素的存储位置是一个整数索引，可以用来访问和检索元素，甚至可以将插入元素的位置一一指定下来。List 通常允许有重复的元素，还包括多个 null 元素。

为了保证表中数据的顺序关系，List 接口为 iterator()、add()、remove()、equals() 和 hashCode() 加入一些其他约定。另外，它还提供了几种通过索引定位访问表中元素的方法。List 接口与位置有关的常用成员方法见表 6-2。

ArrayList 类是 List 接口长度可变数组的实现，用容量来存储列表元素的数组大小。

它的构造方法见表 6-3。

随着不断向列表中添加元素，ArrayList 实例的容量将会自动增长。除了实现父接口的方法外，ArrayList 类还提供了一些操作容量的方法（表 6-4）。

表 6-2　List 接口与位置有关的常用成员方法

成员方法	说明
void add（int index,E element）	在列表指定位置 index 插入指定元素 element
boolean addAll（int index，Collection<?extends E>c）	将指定集合 c 中的所有元素都插入到列表指定位置 index
E get（int index）	获取列表指定位置 index 的元素
int indexOf（object o）	获取列表中第一次出现指定元素 o 的索引，如果不包含该元素，返回-1
int lastIndexOf（Object o）	获取列表中最后出现指定元素 o 的索引，如果不包含此元素，返回-1
ListIterator<E>listIterator（）	获取列表元素的列表迭代器
ListIterator<E>listIterator（int index）	获取从列表指定位置 index 开始的元素的列表迭代器
E remove（int index）	删除列表中指定位置 index 的元素
E set（int index,E element）	用指定元素 element 替换列表指定位置 index 的元素
List<E>subList（int fromIndex,int toIndex）	获取列表指定位置从 fromIndex 到 toIndex 之前的子列表

表 6-3　ArrayList 类构造方法

构造方法	说明
ArrayList（）	创建初始容量为 10 的 ArrayList 对象
ArrayList（Collection<?extends E>c）	创建包含指定集合 c 元素的 ArrayList 对象，这些元素按照集合的迭代器返回它们的顺序排列
ArrayList（int initialCapacity）	创建具有指定初始容量 initialCapacity 的 ArrayList 对象

表 6-4　部分 ArrayList 类成员方法

成员方法	说明
void ensureCapacity（int minCapacity）	如有必要，增加列表的容量
void trimToSize（）	调整列表容量为列表的当前大小

【例 6-5】ArrayList 类的使用。

```java
import java.util.*;
public class AtrayListTest{
    public static void main(String[] args){
        ArrayList<Person> array=new ArrayList<Person>();
        Person p1=new Person("John",20);
        Person p2=new Person("David",12);
        Person p3=new Person("Tom",18);
        Person p4=new Person("John",16);
```

```
        Person p5=new Person("张三",12);
        array.add(p1);
        array.add(p2);
        array.add(p3);
        array.add(p4);
        array.add(p5);
        system.out.println("p5 在 array 中的位置:"+array.indexOf(new Person
("张三",12)));
        for(int i=0;i<5;i++){     //按插入顺序逐个取出元素
            System.out.println(array.get(i));
        }
    }
}
```

在以上代码中，ArrayList 类是长度可变数组，因此对它的定位检索可以通过索引来实现。ArrayListTest 类中，首先顺序添加了 5 个 Person 对象，之后检索与 p5 对象内容相同的 Person 对象的索引号，最后通过索引逐个取出元素并打印在屏幕上。

6.1.6　Map 接口

Map 接口不是 Collection 接口的继承，而是从自己的用于维护键-值关联的接口层次结构入手。按定义，该接口对从不重复的键到值的映射进行了描述。

可以把这个接口方法分成三组操作：改变、查询和提供可选视图。

改变操作允许用户从映射中添加和除去键-值对。键和值都可以为 null。但是不能把 Map 作为一个键或值添加给自身。

Object put(Object key,Object value)

Object remove(Object key)

void putAll(Map mapping)

void clear()

查询操作允许用户检查映射内容。

Object get(Object key)

boolean containsKey(Object key)

boolean containsValue(Object value)

int size()

boolean isEmpty()

最后一组方法允许用户把键或值的组作为集合来处理。

public Set keySet()

public Collection values()

public Set entrySet()

因为映射中键的集合必须是唯一的，所以用 Set 支持。因为映射中值的集合可能不唯一，所以用 Collection 支持。最后一个方法返回一个实现 Map.Entry 接口的元素 Set。

1. Map.Entry 接口

Map 的 entrySet()方法返回一个实现 Map.Entry 接口的对象集合。集合中每个对象都是底层 Map 中一个特定的键-值对。

通过这个集合迭代，可以获得每一条目的键或值并对值进行更改。但是，如果底层 Map 在 Map.Entry 接口的 setValue()方法外部被修改，此条目集就会无效，并导致迭代器行为未定义。

2. HashMap 类和 TreeMap 类

"集合框架"提供两种常规的 Map 实现：HashMap 和 TreeMap。与所有的具体实现一样，使用哪种实现是由用户的特定需要决定的。在 Map 中插入、删除和定位元素，HashMap 是最好的选择。但如果要按顺序遍历键，那么选用 TreeMap 会更好。根据集合大小，先把元素添加到 HashMap，再把这种映射转换成一个用于有序键遍历的 TreeMap 可能更快。使用 HashMap 要求添加的键类明确定义了 hashCode()实现。有了 TreeMap 实现，添加到映射的元素一定是可排序的，相关内容将在排序中详细介绍。

为了优化 HashMap 空间的使用，可以调优初始容量和负载因子。TreeMap 没有调优选项，因为该树总处于平衡状态。

3. HashMap 和 TreeMap

HashMap 和 TreeMap 都实现 Cloneable 接口。Hashtable 类和 Properties 类是 Map 接口的历史实现。

4. 映射的使用示例

Map 类的具体使用可通过以下程序来演示。该程序对自命令行传递的词进行频率计数。HashMap 起初用于数据存储，后来映射被转换为 TreeMap，以显示有序的键列列表。

```
import java.util.*;
public class Li4_03_MapExample{
public static void main(String[] args){
Map map=new HashMap();
Integer ONE=new Integer(1);
for(int i=0,n=args.lenqth;i<n;i++){
    String key=args[i];
    Integer frequency=(Integer)map.get(key);
    if(frequency==null){
        frequency=ONE;
```

```
        }else{
            int value=frequency.intValue();
            frequency=new Integer(value+1);
        }
        map.put(key, frequency);
    }
    System.out.println(map);
    Map sortedMap=new TreeMap(map);
    System.out.println(sortedMap);
}
}
```

程序运行的有序输出和无序输出结果比较如下。

无序输出：

```
{prescribed=1,a=1,time=2,any=1,no=1,shall=1,nor=1,peace=1,owner=1,soldi
er=1,to=1,the=2,law=1,but=1,manner=1,without=1,house=1,in=4,by=1,consent=1,
war=1,quartered=1,be=2,of=3}
```

有序输出：

```
{a=1,any=1,be=2,but=1,by=1,consent=1,house=1,in=4,law=1,manner=1,no=1,n
or=1,of=3,owner=1,peace=1,prescribed=1,quartered=1,shall=1,soldier=1,the=2,
time=2,to=1,war=1,without=1}
```

5. AbstractMap 类

类似于其他抽象集合的实现，AbstractMap 类覆盖了 equals() 和 hashCode() 以确保两个相等映射返回相同的散列码。如果两个映射大小相等、包含同样的键且每个键在这两个映射中对应的值都相同，则这两个映射相等。按定义，映射的散列码是映射元素散列码的总和，其中每个元素都是 Map.Entry 接口的一个实现。因此，不论映射内部顺序如何，两个相等映射会报告相同的散列码。

6. WeakHashMap 类

WeakHashMap 是 Map 的一个特殊实现，它只用于存储对键的弱引用。当映射的某个键在 WeakHashMap 的外部不再被引用时，就允许垃圾收集器收集映射中相应的键-值对。使用 WeakHashMap 有益于保持类似注册表的数据结构，其中条目的键不能再被任何线程访问时，此条目就没用了。

6.2 泛 型

6.2.1 泛型概述

程序中对不同类型的数据实施同一种操作是比较常见的。例如，对商品价格或学生成绩排序，虽数据类型不同但排序过程基本相同。Java 中，可以使用 Object 类来实现不同类型对象的通用性。

例如，前面的 SetTest 类中不使用数据类型参数。声明并创建 TreeSet 类对象 tree 的语句：

TreeSet tree=new TreeSet()；

没有了"<Integer>"的约束，tree 中的元素就可以是任意类型的对象。从语法上来说，下列语句：

```
tree.add(123);                    //添加 Integer 对象
tree.add("Hello World");          //添加 String 对象
tree.add(new Person("John",20));  //添加 Person 对象
```

是合法的。这些不同类型的对象全部会被当作 Object 类的实例，使得参数的任意化得以实现。然而，这样的程序却存在两个问题。

首先，由于没有类型检查，程序运行时可能会因类型不匹配而抛出异常。

例如，TreeSet 添加元素时会排序。执行

tree.add("Hello World")；

程序先将 String 对象"Hello World"与之前添加的 Integer 对象"123"作比较，会发现两者类型不匹配。因此抛出 java.1ang.ClassCastException 异常。

其次，获取对象时必须进行强制类型转换。

例如，从 tree 中获取元素必须对读出数据作强制类型转换：

```
TreeSet tree=New TreeSet();
tree.add(123);                    //添加 Integer 对象
Integer i=(Integer)tree.first();  //获取 tree 中第一个元素
```

否则将因无法把 Object 类型的引用赋予 Integer 类型而出现编译错误。如果无意中将数据类型写错：

String i=(String)it.next()；

还会在运行时因类型不匹配而抛出 java.lang.ClassCastException 异常。

6.2.2 引入泛型

为了解决上述问题，Java 从 JDK 1.5 开始支持泛型。泛型实质上就是用参数的形式限定数据的类型。例如：

TreeSet<Integer> tree=new TreeSet<Integer>()；

中的"<Integer>"就是对 tree 对象中数据类型的限定，要求 tree 中元素必须是 Integer 类

型，其他类型对象在编译时就会被认为是非法的。

自 JDK 1.7 之后有了一种新的语法格式，即泛型实例化类型自动推断，由前面"<...>"中的类型推断后面"< >"中应有的类型。例如：

TreeSet<Integer> tree=new TreeSet< >();

此语句与

TreeSet<Integer> tree=new TreeSet<Integer>();

等价。

除了在编译时进行类型检查外，使用泛型的程序读取数据时还会自动和隐式地进行强制类型转换。因此数据的获取可通过以下代码实现：

tree.add(123);

    Integer i=tree.first();　　//获取 tree 中第一个元素

tree 中数据被读出时自动转换成 Integer 类型。

声明泛型的格式是：

<...>

其中，括号内的参数可以有多个，且只能是类类型。例如：

<Integer>　　　　　　　//类型参数是 Integer

<Person>　　　　　　　//类型参数是 Person

<Integer，String>　　　//类型参数分别是 Integer 和 String

泛型的参数类型可以使用 extends 语句：

<T extends SuperClass | InterfaceName>

它被称为有界类型，表示数据类型是 SuperClass 类或 InterfaceName 接口及其子类型。

类型参数还可以是无限定通配符：<?>，等价于：<Object>。

另外，同一种泛型可因参数类型的不同而对应多个版本，不同版本的泛型类实例是无法有效兼容的。例如：

TreeSet<String> is=new TreeSet<String>();

TreeSet<Integer> is=new TreeSet<Integer>();

类型参数只能是类类型。如果需要指定基本数据类型，可以通过这些基本数据类型对应的包装类来实现。包装类具有的自打包和自拆包功能，在使用泛型的场合中非常有用。

6.2.3　类型通配符

软件开发中方法传递参数是常见的，但是对于泛型类的操作中，如果传递的是泛型类的参数，必须匹配才能传递成功；并且在类型转型时，子类对象会自动转换为父类对象（上转型）。但是在使用泛型时却没有这样操作，如泛型"Point<Integer>"不是"Point<Object>"的子类型。

【例 6-6】程序 PointTest3 演示了传递参数的类是泛型类时遇到的问题。

```
public class PointTest3{
    public static void show(Point<T> p){    //无法确定 T
```

```
        System.out.println("("+p.x+","+p.y+")");
    }
    public static void main(String[] args){
        Point<Interger> p=new Point<Interger>(1,1);
        show(p);                                //实参是 p, 不是 Interger
    }
}
```

程序 PointTest3 编译时提示出错"找不到符号 T"。也就是说参数 p 的类型 Point<T> 无法确认，泛型参数未得到有效传递。实参 p 的类型是 Point<Integer>，而形参 p 的类型 是 Point<T>，对于 show 方法来说 T 是未知类型。即使将 Point<T>改为 Point<Object>，上 述程序编译依然不能通过。在类型转型时，子类对象会自动转换为父类对象(上转型)，但 是在使用泛型时却没有这样操作。

可以使用通配符"?"，表示可以接收任意的类型，但不能修改类型。

【例 6-7】使用类型通配符"?"，编写程序 PointTest4.java 以改进例 6-6。

```
public class PointTest4{
    public static void show(Point<?> p){    //?匹配任意一种类型
        System.out.println("("+p.x+","+p.y+")");
    }
    public static void main(String[] args){
        Point<Integer> p=new Point<Integer>(1,1);
        show(p);
    }
}
```

6.2.4 泛型上限

简而言之，泛型上限就是指泛型最大的父类。如将泛型上限设置为 Number 类，则泛 型上限声明为<T extends Number>，即表示该泛型能接收的类型为 Number 类和 Number 的子类(Integer、Long、Double 等)。

【例 6-8】为 Point 类设定泛型上限。对 Point 类进行重新定义，加入泛型上限 Number。 由于泛型的上限已经设置为 Number，所以设置超过泛型上限的类型时程序会编译不通过， 如将泛型设置为 String 型。

```
class Point<T extends Number>{
    public T x; //x坐标
    public T y; //y坐标
    public Point(){}
```

```
    public Point(T x,T y){
        this.x=x;
        this.y=y;
    }
}
public class PointTest5{
    public static void main(String[] args){
        //Double 是 Number 的子类
        Point(Double) p=new Point<Double>(1.0,1.0);
        System.out.println("("+p.x+","+p.y+")");
        //String 类型超过了泛型上限 Number，将下面注释去掉则编译不通过
        //Point3<String> p=new Point3<String>("1","1");
    }
}
```

6.3 本 章 小 结

本章首先对集合做了介绍，然后详细阐述了 Java 为方便对象存储提供的支持各类数据结构的接口和类，即 Java 的集合框架。集合的接口主要有 Collection 接口、Iterator 接口、Set 接口、List 接口、Map 接口等。通过实例重点讲解了继承自 Collection 接口的集合类 TreeSet、HashSet 和 ArrayList，以及继承自 Map 接口的映射类 TreeMap 和 HashMap 的添加、遍历和处理元素等基本操作。

关于为何引入泛型，本章也做了详细介绍，此外还阐述了类型通配符和泛型上限。

练 习 题

(1)使用泛型有何优点？

(2)简述集合类的概念和层次关系。

(3)有哪些集合类和主要方法？

(4)TreeSet 和 HashSet 类有什么异同？它们的元素有什么特殊要求？

(5)ArrayList 与数组有什么区别？

(6)简述映射类的概念和层次关系。

(7)TreeSet 和 TreeMap 类、HashSet 和 HashMap 类之间有什么联系？

(8)用集合框架的例子说明 compareTo()、hashCode()和 equals()之间的关系，以及它们的使用方法。

第7章 图形用户界面

7.1 图形用户界面概述

7.1.1 概述

无论采取何种语言、工具实现图形界面，其原理基本相同。简而言之，图形界面就是用户界面元素的有机合成。这些元素不仅在外观上相互关联，内在也具有逻辑关系，通过相互作用、消息传递，使用户操作的响应得以顺利完成。

设计和实现图形用户界面时，主要包含两项内容：①创建图形界面中需要的元素，进行相应的布局。②定义界面元素对用户交互事件的响应以及对事件的处理。

Java 中的用户图形界面是通过 Java 的图形用户接口(graphic user interface，GUI)实现的。无论是 Java SE、Java EE 还是 Java ME，GUI 都是其中重要的一部分。现在的应用软件越来越要求界面友好、功能强大而又使用简单。众所周知，在 Java 中进行 GUI 设计相对于其跨平台、多线程等特性的实现要复杂和麻烦许多，这也是很多 Java 程序员抱怨的事情，但 GUI 已经成为程序发展的方向。在 Java 中，为了方便图形用户界面的实现，专门设计类库来满足各种各样的图形界面元素和用户交互事件。该类库即为抽象窗口工具箱(abstract window toolkit，AWT)。AWT 是在 1995 年随 Java 的发布而提出的。但随着 Java 的发展，AWT 已经远远不能满足用户界面的需求。Sun 公司在 1998 年 5 月发布的 JFC(java foundation classes)中包含了一个新的 Java 窗口开发包，即 Swing。Swing 是一个用于开发 Java 图形用户界面的工具包，以 AWT 为基础。通过 Swing，开发人员只用很少的代码就可以利用其丰富、灵活的功能和模块化组件创建优雅的用户界面。

随着 Java GUI 的发展，除 AWT 和 Swing 外，还有一个非常重要的 GUI 开发包——SWT。SWT 是由 Eclipse 于 2001 年与 Eclipse IDE(integrated development environment)一起集成发布的。最初版本发布之后，SWT 逐渐发展和演化为一个独立的版本，但是它不在 JRE 的标准库中。因此使用时必须将它和程序捆绑在一起，并为所要支持的每个操作系统创建单独的安装程序，导致其使用范围受限。

在 AWT、SWT 和 Swing 中，毫无疑问，Swing 是最强大也是使用最广泛的。在本章中，大部分的图形界面示例也是基于 Swing 创建的。所以也可将本章看作 Swing 图形用户界面的开发。虽然是进行 Swing 的开发，但是 AWT 的辅助类也会有所涉及。

7.1.2 Swing 与 AWT

AWT、Swing 作为图形界面的开发包同时存在于同一标准库中，那么两者之间的区别在哪里呢?创建图形界面时如何取舍?本节将详细讲述 Swing 与 AWT 的关系，以及如何取舍 Swing 与 AWT。

1. Swing 与 AWT 之间的关系

Swing 诞生之前，Java 中用于图形用户界面开发的工具包为 AWT。

AWT 是随早期 Java 一起发布的 GUI 工具包，是所有 Java 版本中都包含的基本 GUI 工具包，其中不仅提供了基本的控件，还提供了丰富的事件处理接口。Swing 是继 AWT 之后 Sun 公司推出的又一款 GUI 工具包，它建立在 AWT 1.1 的基础上。

与 Swing 相比，AWT 中提供的控件数量很有限，如 Swing 中提供的 JTable、JTree 等高级控件在 AWT 中就没有。另外，AWT 中提供的都是重量级控件，如果希望编写的程序可以在不同的平台上运行，必须在每一个平台上进行单独测试，无法真正实现"一次编写，随处运行"。

Swing 的出现并不是为了替换 AWT，而是为了提供更丰富的开发选择。Swing 中使用的事件处理机制就是 AWT1.1 提供的。因此实际开发中会遇到同时使用 Swing 与 AWT 的情况，其中 Swing 被采用得比较多，但很多辅助类时常需要使用 AWT 中的类，特别是在进行事件处理开发时。所以 Swing 与 AWT 是合作关系，并不是取代关系。与 AWT 相比，Swing 显示出的强大优势，表现在以下四个方面。

(1)丰富的组件类型。Swing 提供了非常丰富的标准组件。基于它良好的可扩展性，Swing 除了提供标准组件外，还提供了大量的第三方组件。目前可以方便地获取许多商业或开源的 Swing 组件。

(2)更好的组件 API 模型支持。Swing 遵循 MVC 模式，这是一种非常成功的设计模式，它的 API 成熟并设计良好。经过多年的演化，Swing 组件 API 变得越来越强大、灵活且可扩展。它的 API 设计被认为是最成功的 GUI API 之一，与 SWT 和 AWT 相比更面向对象，更灵活，可扩展性也更加理想。

(3)标准的 GUI 库。Swing 和 AWT 一样是 JRE 中的标准库。因此，不用单独地将它们随应用程序一起分发。它们是平台无关的，所以用户无须关心平台兼容性。

(4)成熟稳定。Swing 已经开发出 20 年之久，在 Java 5.0 之后它越来越成熟稳定。由于它是纯 Java 实现的，无须考虑与 SWT 的兼容性问题。Swing 在每个平台上都有同样的性能，不会有明显差异。

2. 关于 Swing 与 AWT 控件的混用

由于 AWT 中提供的控件，均依赖本地系统实现，而 Swing 控件属于轻量级控件，是由纯 Java 编写的，使用基本图形元素直接在屏幕上绘制。因此在搭建界面时，如果同时使用二者，遮挡现象出现的可能性就比较大。

在实际编程过程中，当 AWT 控件与 Swing 控件重合时，AWT 控件的显示优先级高，也就是说，不管实际是什么样的遮挡关系，AWT 控件总是绘制在 Swing 控件的上面。所以，建议在实际开发 GUI 程序时，不要混用 AWT 和 Swing 图形控件。

7.2 Swing 图形用户界面

7.2.1 框架

框架是由 JFrame 类创建的一种带标题并且可以改变大小的窗口。框架类的许多方法是从其超类 Window 或更上层的类 Container 和 Component 继承下来的。除了 JFrame 类本身定义了一些方法外，它还从其父类链条中继承了多个方法。

1. JFrame 类的方法

1) 从 Component 类中继承的方法

（1）public void setLocation(int x,int y)：设置窗口位置。在该方法被调用后，将窗口左上角的坐标位置设置为(x,y)，也就是距屏幕左面 x 像素，距屏幕上方 y 像素。

（2）public void setBounds(inn x,int y,int width,int height)：设置窗口的大小和位置。调用该方法后，将窗口安排在屏幕上的一指定位置，即窗口左上角的坐标位置为(x,y)，也就是距屏幕左面 x 像素，距屏幕上方 y 像素。窗口的宽是 width，高是 height。

（3）public void setSize(int width,int height)：设置窗口的大小。这时窗口左上角的坐标是(0,0)。

（4）public void setVisible(boolean vis)：设置窗口是否可见，窗口默认是不可见的。要使窗口可见，可将 vis 的值设为 true。

2) 从 Container 类中继承的方法

（1）public Component add(Component comp)：在容器中添加一个组件 comp。一个窗口中可以放置多个组件。

（2）public void setLayout(LayoutManager mgr)：将窗口的布局管理器设置为 mgr。

（3）public void validate()：确保窗口中的组件能显示出来。显示窗口时，窗口中的组件有可能无法看到，当用户调整窗口大小时才能看到这些组件。如果窗口调用了该方法，就不会发生这种情况。另外，当窗口调用 setSize() 或 setBounds() 调整大小后，都应该调用 validate()，确保当前窗口中添加的组件能显示出来。

3) 从 Window 类中继承的方法

public void dispose()：该方法将撤销当前窗口，并释放当前窗口所使用的资源。

4) JFrame 类本身定义的方法

（1）JFrame()：创建一个无标题的窗口。

（2）JFrame(String title)：创建一个标题为 title 的窗口。没有参数时，则窗口无标题。

（3）Public void setTitle(String title)：设置窗口的标题为 title。

（4）Public String getTitle()：获取窗口的标题。

（5）Public void setBacbround（Color color）：设置窗口的背景颜色为 color。

（6）Public void setResizable（boolean bol）：设置窗口是否可调整大小，窗口默认是可调整大小的。bol 的值为 true 时，表示可以对窗口的大小进行调整。

（7）Boolean isResizable（）：判断窗口是否可调整大小。如果窗口大小可调整，方法返回 true，否则返回 false。

2. 创建框架（JFrame）

【例 7-1】创建并显示一个框架（框架是窗口的一种）。

```
import.javax.swing.*;
public class MyFrame{
    public static void main(String[] args){
        JFrame frame=new JFrame("我是窗口标题"); //创建一个窗口
        frame.setSize(300,300);                    //设置窗口大小
        frame.setVisible(true);                    //使窗口可见
        //JDK 1.3 关闭窗口的语句格式如下:
        frame.setDefaultCloseOperation(JFrame.EXIT_ON_CLOSE);//当窗口产生
关闭事件时，关闭窗口
    }
}
```

默认情况下，框架不可见、处于最小化状态（框架的宽和高都是 0），必须通过 setSize（）来设置框架的大小，通过 setVisible（true）使框架可见。

3. 框架居中

默认情况下，框架在屏幕的左上角显示（左上角坐标是（0,0））。要指定框架显示位置，必须使用 JFrame 类中的方法 setLocation（x,y）将框架的左上角位置安排在（x,y）处。

要把框架放在屏幕的中心位置，需要知道框架和屏幕的宽和高，以便计算出框架居中时框架左上角的坐标。可以通过 java.awt.Toolkit 类得到屏幕的宽和高。

1）获取屏幕的宽度和高度

Dimension screenSize=Toolkit.geDefaultToolkit（）.getScreenSize（）;
int screenWidth=screenSize.Width;   //获取屏幕的宽度
int screenHeight=screenSize.height;   //获取屏幕的高度

2）框架居中时左上角的坐标（x,y）

Dimension frameSize=frame.getSize（）;
int x=（ScreenWidth-frameSize.width）/2;
int y=（screenHeight-frameSize.height）/2;

4. 在框架中添加组件

JFrame 类创建的窗口中还包含一个内容窗格。使用 getContentPane() 获取窗口 (JFrame) 的内容窗格。向窗口中添加组件，就是指向窗口的内容窗格中添加组件。此时可以把内容窗格看作是嵌在窗口中的一个容器。

【例 7-2】向框架中添加组件。

```
import.javax.swing.*;
public class Addcom{
    public static void main(String[] args){
        JFrame frame=new JFrame("向框架中添加组件");
        //向内容窗格添加按钮
        frame.getContentPane().add(new JButton("我是一个按钮"));
        frame.setSize(300,300); frame.setVisible(true);
        //当收到关闭事件时，关闭窗口
        frame.setDefaultCloseOperation(JFrame.EXIT_ON_CLOSE);
    }
}
```

表达式 frame.getContentPane() 的作用是获取框架 JFrame 的内容窗格，表达式 new JButton("OK") 则用于创建 JButton 类对象。BorderLayout 是内容窗格的默认布局管理器。需要注意的是，窗口是不能嵌套的。

5. 两种容器类的区别

(1) 以 J 开头的容器类。如 JFrame、JApplet、JPanel 及其子类创建的容器(con)都有内容窗格。向这种容器添加组件的语句如下：

Container container=con.getContentPane(); //获取容器 con 的内容窗格

container.add(component); //向内容窗格 container 添加组件 component

注意：重型组件不适合放在 J 开头的容器中。如 Button 组件不适合放在 JPanel 中。

(2) 非 J 开头的容器类。如 Fame、Applet、Panel 及其子类创建的容器(con)不包含内容窗格。因此，直接使用下列语句向容器中添加组件：

con.add(component); //向容器 con 添加组件 component

7.2.2　面板

面板是由 JPanel 类创建的一种没有标题的容器。它是无法独立存在的，必须将其装入另一面板或框架中。

面板有两个作用：一是当作容器使用，把其他组件组织在一起；二是在面板上绘制字符串和图形。

1. 构造方法

$$public\ JPanel();$$
$$public\ JPanel(LayoutManager\ layout);$$

其中，参数 layout 指定面板的布局管理器，没有参数时，面板使用默认的布局管理器（FlowLayout）。面板类的主要方法都是从 Container 和 Component 类继承过来的。

提示：布局管理器是容器用来摆放组件的规则。每个容器都有自己的默认布局管理器。

2. 用面板作容器

【例 7-3】面板作为容器使用，创建一个电话拨号键盘界面。

```java
import java.awt.*;  import javax.swing.*;
public class TestPhone extends JFrame{
    public TestPhone(){        //构造方法
        Container container=getContentPane();//获取框架的内容窗格
        container.setLayout(new BorderLayout());//为内容窗格设置布局管理器
        //创建容纳 12 个按钮的面板 p1 并为面板设置网格布局管理器(4 行 3 列)
        JPanel p1=new JPanel();
        p1.setLayout(new GirdLayout(4,3));
        for(int i=1;i<=9;i++)
        {p1.add(new JButton(""+i));}//向面板 p1 添加按钮
        p1.add(new JButton("*"));
        p1.add(new JButton(""+0));
        p1.add(new JButton("#"));
        JPanel p2=new JPanel();//创建面板 p2,用来容纳文本域和面板 p1
        p2.setLayout(new BorderLayout());
        p2.add(p1,BorderLayout.CENTER);
        container.add(p2,BorderLayout.SOUTH);//将面板 p2 和按钮添加到内容窗格
        container.add(new Button("Press to Call"), BorderLayout.CENTER);
    }
    public static void main(String[] args){
        TestPhone frame=new TestPhone();
        frame.setTitle("电话座机");
        //当收到关闭事件时，关闭窗口
        frame.setDefaultCloseOperation(JFrame.EXIT_ON_CLOSE);
        frame.setSize(300,200);  frame.setVisible(true);

    }

}
```

7.2.3 标签

不管开发什么样的 GUI 应用程序，在界面上给用户一些提示性信息都是有必要的，这时就需要使用标签控件。恰当地使用标签可以使 GUI 的交互界面更友好，使用户在使用的过程中有更好的体验。本节将介绍使用标签的相关知识。

javax.Swing.JLabel 类即标签类，开发人员可以通过其建立包含文本、图像或两者都包含的标签。JLabel 属于普通控件，也继承自 javax.Swing.JComponent 类。该控件主要是用于给出提示信息，是一种非交互的控件，对用户的输入进行响应时不会用到它，并且该控件没有修饰，从界面中是看不到它的边界。

创建 JLabel 对象时，可以通过使用构造函数初始化标签的各项属性，如标签的文本、图标、对齐方式等。以下是常用的几种构造函数。

（1）public JLabel()：创建无图像并且标题为空字符串的 JLabel 对象，可以使用不带参数的构造函数。

（2）public Jlabel(Icon image)：创建具有指定图像的 JLabel 对象，可以使用带参数的构造函数，参数 image 为指定的图像。

（3）public Jlabel(String text)：创建具有指定文本的 JLabel 对象，参数 text 为指定的文本。

（4）public Jlabel(String text,int horizontalAlignment)：创建具有指定文本和水平对齐方式的 JLabel 对象，参数 text 为指定的文本、horizontalAlignment 为指定的水平对齐方式。

（5）public Jlabel(String text,Icon icon,int horizontalAlignment)：创建具有指定文本、图像和水平对齐方式的 JLabel 对象，参数 text 为指定的文本、image 为指定的图像、horizontalAlignment 为指定的对齐方式。

JLabel 类中还提供了很多操作标签显示内容、显示格式的实用方法，其中常用的一些方法见表 7-1。

表 7-1　JLabel 类中的一些常用方法

方法名	描述
public String getText()	返回该标签所显示的文本字符串
public void setText(String text)	该方法将设置此标签要显示的单行文本，如果 text 值为 null 或空字符串，则什么也不显示
public Icon getIcon()	返回该标签显示的图形图像
public void setIcon(Icon icon)	设置标签要显示的图像，参数 icon 为指定的图像。如果 icon 值为 null，则什么也不显示
public int getVertical Alignment()	返回标签内容沿垂直方向的对齐方式
public void setVertical Alignment(int alignmem)	该方法设置标签内容沿垂直方向的对齐方式，参数 alignment 为指定的垂直对齐方式
public int getHorizontal Alignment()	返回标签内容沿水平方向的对齐方式
public void setHorizontal Alignment(int alignment)	该方法设置标签内容沿水平方向的对齐方式，参数 alignment 为指定的水平对齐方式
public int getVertical TextPosition()	返回标签的文本相对其图像的垂直位置

表 7-1 中的构造函数和方法，涉及各种不同的对齐方式，对齐方式一般都使用 JLabel 的静态常量来表示(表 7-2)。

表 7-2　表示对齐方式的几个常量

常量名	描述
JLabel.LEADING	水平对齐方式中表示对齐到左边界，垂直对齐方式中表示对齐到上边界
JLabel.TRAILING	水平对齐方式中表示对齐到右边界，垂直对齐方式中表示对齐到下边界
JLabel.LEFT	左对齐，用于水平方向
JLabel.RIGHT	右对齐，用于水平方向
JLabel.TOP	上对齐，用于垂直方向
JLabel.BOTTOM	下对齐，用于垂直方向
JLabel.CENTER	居中，用于水平和垂直方向

开发 GUI 应用程序时，一般首先将非顶层容器添加到顶层容器中，之后再向非顶层容器中放置普通控件。

7.2.4　按钮

GUI 应用程序中，按钮是与用户交互使用得最多的控件之一，很多功能都是通过用户按下按钮来触发代码完成的。本节将介绍 Swing 中的按钮——javax.swing.JButton 的使用。

javax.swing.JButton 类是最简单的按钮类型，当单击按钮时会触发动作事件，如果给按钮注册了相应的监听器，按下按钮后，指定的代码就会被执行，完成一定的工作。JButton 类继承自 javax.swing.AbstractButton 类，按钮的参数可以通过不同的构造函数初始化，以下是常用的几个构造函数。

(1) public JButton()：创建不带有文本或图标的按钮。

(2) public JButton(String text)：创建一个带有指定文本的按钮，参数 text 为指定的文本。

(3) public Jbutton(String text,Icon icon)：创建一个带有指定文本与图标的按钮，参数 icon 为指定的图标、text 为指定的文本。

(4) public JButton(Action a)：创建一个属性从指定的事件中获取的按钮，参数 a 为指定的事件 Action。

JButton 类中还提供了很多操作按钮的功能方法，通过这些方法开发人员可以轻松地完成对按钮的操作，表 7-3 列出了其中常用的方法。

表 7-3　JButton 类中的常用方法

方法名	描述
public Action getAction()	返回此按钮设置的 Action，如果没有设置任何 Action，则返回 null
public Insets getMargin()	返回表示按钮边框和按钮标签之间空白的 Insets 对象
public void setMargin(Insets m)	为按钮设置表示按钮边框和按钮标签之间空白的 Insets 对象，参数 m 为指向要设置的 Insets 对象的引用，如果其为 null 按钮将使用默认空白
public void setText(String text)	设置按钮上显示的文本，参数 text 为要设置的文本

方法名	描述
public String getText()	获取按钮上显示的文本字符串
public void setMnemonic(char mnemonic)	为按钮设置助记字符

在表 7-3 中，Insets 类属于 java.awt 包，有 4 个 public 的 int 型属性：bottom、left、right、top，分别表示按钮上的文字或图片距按钮 4 条边的距离。通常情况下 Insets 使用默认值即可。JButton 还继承了其超类中很多实用的方法，如 setBounds、setBackground 等，如果需要可以查阅 API 帮助文档。

按钮被按下时会触发动作事件(java.awt.ActionEvent)，因此如果希望按钮被按下能执行一定的任务，就需要为按钮编写动作事件监听器的代码，并向按钮注册动作事件监听器。编写动作事件监听器需要实现 ActionListener 监听接口。

ActionListener 监听接口中只声明了一个用于处理动作事件的 actionPerformed() 方法，该方法的声明为 public void actionPerformed(ActionEvent e)。

对按钮触发的动作事件进行处理的代码就编写在此方法中，参数 e 为指向按钮产生的动作事件对象的引用，事件的具体信息可通过它得以访问。

同时，JButton 中也提供了向按钮注册与从按钮注销动作事件监听器的方法(表 7-4)。

表 7-4　JButton 中注册与注销动作事件监听器的方法

方法签名	功能
public void addActionListener(ActionListener 1)	向按钮注册一个指定的动作事件监听器，参数 1 指向要注册的监听器对象
public void removeActionListener (ActionListener 1)	从按钮注销一个指定的动作事件监听器，参数 1 指向要注销的监听器对象

7.3　界　面　布　局

7.3.1　FlowLayout 布局

用 FlowLayout 类创建的对象称为 FlowLayout 布局对象，它是 JPanel 容器的默认布局管理器。

FlowLayout 布局规则：向容器中添加组件时，从容器的第一行开始，按组件添加的顺序，由左到右将组件排列在容器中，第一行排满后，再从第二行开始从左向右排列组件，依次类推，直到所有组件排完。组件之间的对齐方式可以使用 FlowLayout.RIGHT、FlowLayout.CENTER、FlowLayout.LEFT 中的一个指定。

FlowLayout 类常用的方法如下。

(1) FlowLayout()：该方法创建一个布局对象，容器使用该布局对象时，组件之间的水平和垂直间距默认是 5 个像素。例如：

```
FlowLayout flow=new FlowLayout();     //创建布局对象 flow
con.setLayout(flow);   //容器 con 使用布局对象(flow)摆放容器中的组件
```

(2) FlowLayout (int aligin,int hgap,int vgap)：该方法创建一个布局对象，则容器中组件的对齐方式 aligin 可取 FlowLayout.LEFT、FlowLayout.CENTER、FlowLayout.RIGHT 中的一个。

(3) public void setAlignment (int aligin)：设置 FlowLayout 布局对象的对齐方式。

(4) public void setHgap (int hgap)：设置容器中组件的水平间距为 hgap 像素。

(5) public void setVgap (int hgap)：设置容器中组件的垂直间距为 hgap 像素。

FlowLayout 布局，每一行中的组件都按布局指定的对齐方式和水平间距排列。当形成多行组件时，行与行之间的间距就是布局的垂直间距。尽管这种布局非常方便，但当容器内的组件太多时，整体看起来就会显得参差不齐。为了布局美观，常采用容器嵌套的方法，即把一个容器嵌到另一个容器中，使整个容器的布局达到应用需求。

【例 7-4】 使用 FlowLayout 布局放置 3 个组件。

```
import.java.awt.*; import.java.applet.*;
public class FlowLayoutTest extends Applet{
    public void init(){
        FlowLayout fL=new FlowLayout();
        fL.setAlignment(FlowLayout.RIGHT);
        fL.setHgap(10);       //设置组件的垂直间距为 10 像素
        fL.setVgap(10);       //设置组件的水平间距为 10 像素
        setLayout(fL);       //设置容器的布局对象为 fL
        setBackground(Color.yellow);
        for(int n=1;n<=3;n++) add(new Button("button"+n));//向容器中添加按钮
    }
}
```

7.3.2 BorderLayout 布局

BorderLayout 是 Window、Frame 和 Dialog 的默认布局管理器，也是一种简单的布局策略，它把容器内的空间简单地划分为东、西、南、北、中 5 个区域，每加入一个组件都应该指明把这个组件放在哪个区域中。各个区域的位置及大小如图 7-1 所示。

图 7-1　BorderLayout 布局管理器

可以使用以下方法完成 BorderLayout 类对象的创建。

（1）BorderLayout()。设置一个 BorderLayout 对象，它默认各组件间的横、纵间距都为 0。

（2）BorderLayout(int hgap,int vgap)。hgap 和 vgap 分别为规定各组件之间的横、纵间距。

BorderLayout 只能指定 5 个区域位置。如果容器中需要加入 5 个以上的组件，就需要使用容器的嵌套或改用其他的布局策略。创建完 BorderLayout 对象后，必须使用 setLayout()方法进行设定，才能有效。

7.3.3　GirdLayout 布局

网格布局即 GirdLayout 布局，该布局会尽量按照给定的行数和列数排列所有控件，添加到该布局容器中的控件都将自动调整为相同尺寸，尽量使现有控件形成矩形为其填充规则。

若行和列的设置都不为 0，其在形成矩形的同时会保证行数，而列数则由控件总数与给定的行数决定。若行为 0 而列不为 0，在形成矩形的同时会保证列数，而行数则由控件总数与给定的列数决定。当容器的大小发生改变时，所有的控件也都会随着自动改变大小以保证尽量充满整个容器。

创建网格布局时，可以使用 GridLayout 类进行设置，类似于流布局创建方式。例 7-5 是一个使用网格布局的例子，只要发生按钮事件，按钮就会按照定义的网格按钮布局，按照 3 行 2 列的顺序摆放按钮。

【例 7-5】网格布局示例。

```
import java.awt.event.ActionEvent;
import java.awt.event.ActionListener;
import java.awt.*;
    import javax.swing.*;
    public class Sample7_5 extends JFrame implements ActionListener{
    private JPanel jp=new JPanel();
    private JButton[] jbArray=new JButton[6];
    public Sample7_5(){
    //初始化数组，将 JPanel 添加进窗体
    for(int i=0;i<jbArray.length;i++){
        jbArray[i]=new JButton("按钮"+(i-1));
        jp.add(jbArray[i]);
        jbArray[i].addActionListener(this);
    }
    this.add(jp);
    //对窗体的标题、大小、位置以及可见性进行设置
    this.setTitle("网格布局");
```

```
        this.setBounds(100,100,450,200);
        this.setVisible(true);
    }
    //实现 ActionListener 中的方法
    public void actionPerformed(ActionEvent e){
        //设置布局管理器为 3 行 2 列的网格布局
        jp.setLayout(new GridLayout(3,2));
        //对窗体标题进行重新设置
        this.setTitle("现在为网格布局[3,2]");
        //请求刷新 JPanel
        jp.revalidate();
    }
    public static void main(String[] args){
    //创建 Sample7_5 窗体对象
        new Sample7_5();
    }
}
```

7.3.4 CardLayout 布局

使用 CardLayout 布局的容器可以容纳多个组件，但是同一时刻容器只能从这些组件中选出一个来显示。就像一叠扑克牌，每次显示的只能是最上面的一张，这个被显示的组件将占满容器的所有空间。

假设有一个容器 con，那么使用 CardLayout 布局对象的一般步骤如下。

(1) 创建 CardLayout 布局对象 card。例如：

CardLayout card=new CardLayout();

(2) 将容器 con 的布局方式设置为 card。例如：

con.setLayout(Gard);

(3) 调用容器的 con.add(string num,Component b) 方法将组件 b 加入容器 con 中，并给出该组件的代号 num。组件的代号与组件的名称关系不大，不同的组件代号互不相同。最先加入容器 con 的组件是第 1 张，第二次加入的组件是第 2 张，依次给组件排号。

(4) 使用布局对象 card 的 show() 方法显示容器 con 中代号为 num 的组件。格式如下：

card.show(con,num);   //显示 con 中代号是 num 的组件

也可以按组件加入容器的顺序显示组件。例如：

card.firs(con);   //显示 con 中的第一个组件

card.last(con);   //显示 con 中的最后一个组件

card.next(con);   //显示 con 中的下一个组件

card.previous(con);   //显示 con 中的前一个组件

7.4 常用控件及事件响应

7.4.1 控件概述

Java 中所有的 Swing 控件都继承自 javax.swing.JComponent 类，而 JComponent 类则继承自 java.awt.Container 类，因此所有的 Swing 控件都具有 AWT 容器的功能。图 7-2 所示为 Java 中所有 Swing 控件的继承树。

如图 7-2 所示，JComponent 类是所有 Swing 控件的总父类。实际上 JComponent 类是具有所有 Swing 控件公共特性的一个抽象类，该类为所有的 Swing 控件提供了很多共有的功能，包括工具提示、尺寸属性等。

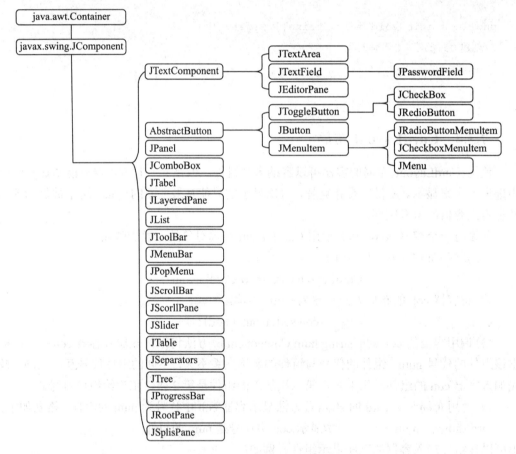

图 7-2 Swing 控件的继承树关系

从继承的角度看，虽然 Swing 控件都具有 AWT 容器的功能，但在实际开发中一般只将 JPanel、JFrame 等设计目的为容器的 Swing 控件当作容器使用。

7.4.2　常用控件

本节以文本框、文本区、单选按钮、复选按钮为例介绍常用控件。

1. 文本框

GUI 应用程序中，文本框是使用率很高的控件。通过使用文本框和密码框，可在很大程度上方便应用程序与用户之间的交互。

Swing 中提供的文本框控件通过 JTextField 类实现。但是 JTextField 只能用于输入单行文本，如果文本的长度超出控件可以显示的范围，其会自动滚动文本。对于 JTextField，所有的剪切、复制、粘贴及其快捷键的操作都可以自动实现。JTextField 类提供了 5 个构造函数，开发人员在创建 JTextField 对象时可以灵活选择。其常用的构造函数如下。

（1）public JTextField()：创建没有内容的 JTextField 对象，默认列数为 0。

（2）public JTextField(String text)：创建具有指定初始内容的 JTextField 对象，参数 text 为指定的文本内容。

（3）public JTextField(String text,int columns)：创建具有指定初始内容与列数的 JTextField 对象，参数 text 为指定的文本内容、columns 为指定的列数。

JTextField 类也提供一些对文本内容、列数等进行操作的实用方法。通过使用这些方法，开发人员可以非常方便地对文本框进行操作，如 getText() 返回显示的文本信息、setText(String t) 设置此 JTextField 中显示的文本信息。

需要注意的是，JTextField 与 JButton 一样，也会触发 ActionEvent 动作事件。它们之间的区别体现在，按钮是当鼠标单击后会触发 ActionEvent 事件，而 JTextField 则是当用户按下 Enter 键后会触发 ActionEvent 事件。因此，在 JTextField 中也提供了注册与注销动作事件监听器的方法（表 7-5）。

表 7-5　JTextField 中注册/注销动作事件的方法

方法名	描述
public void addActionListener(ActionListener 1)	该方法将为 JTextField 注册动作事件监听器，参数 1 为指定的监听器
public void removeActionListener(ActionListener 1)	该方法将从 JTextField 注销动作事件监听器，参数 1 为指定的监听器

当要求用户在界面中输入密码时就不能使用文本框，需要使用密码框。Swing 中专门提供了用来输入密码的密码框控件——JPasswordField。JPasswordField 类继承自 JTextField 类，因此具有文本框的所有功能。区别于文本框的是，用户输入的内容不会显示出来，而是以特定的回显字符代替（如"*"），这样就可以避免输入的内容显示在屏幕上。

由于 JPasswordField 继承自 JTextField，因此其对内容、列数等操作的方法与 JTextField 相同，这里不再赘述。

2. 文本区

JTextArea 类是 Swing 中提供的用单一字体和格式显示多行文本的控件，默认情况下其不会自动换行，但可以通过设置使其自动换行。JTextArea 是以跨平台的方式处理换行符，根据不同的操作系统平台，文本文件中的行分隔符可以是换行符、回车或者二者的组合。

JTextArea 提供了数个构造器，以使不同的需求得以满足，以下列出了常用的几个。

(1) public JTextArea()：创建一个没有内容的 JTextArea，行/列设置为 0。

(2) public JTextArea(String text)：创建一个具有指定内容的 JTextArea，行/列设置为 0，参数 text 为指定的文本内容。

(3) public JtextArea(String text,int rows,int columns)：创建一个具有指定内容以及行和列的 JTextArea，参数 text 为指定的文本内容，参数 rows 与 columns 分别表示指定的行与列。

JTextArea 还提供了很多对内容进行操作的实用方法，通过这些方法开发人员可以非常方便地对文本区进行操作。表 7-6 列出了其中一些常用方法。

表 7-6　JTextArea 类中的常用方法

方法声明	功能
public void setRows(int rows)	该方法将设置 JTextArea 的行数，参数 rows 为指定的行数
public int getColumns()	该方法将返回 JTextArea 的列数
public void insert(String str,int pos)	该方法将指定的文本插入到指定的位置，参数 str 为指定的文本，参数 pos 为指定的位置，该值必须大于等于 0
public void setEditable(boolean b)	设置文本区的可编辑状态，参数为 True 时表示设置为可编辑，为 False 时表示设置为不可编辑。在默认情况下文本区是可编辑的

文本区显示的文本行数和列数都有可能超出文本区的范围，这时就需要使用滚动条。但 Swing 中的文本区没有集成滚动条，如果需要滚动则要把文本区放到滚动窗口中。Swing 中专门有一个用来提供滚动功能的滚动窗口——JScrollPane 类，不仅是文本区，其他许多 Swing 控件都要借助其实现滚动功能，如 List、JTable、JTree 等。

3. 单选按钮、复选框

GUI 应用程序中经常需要给用户提供一些选择的界面，如性别、爱好、职业等。当选择这些选项时就需要使用单选按钮或复选框，本节将详细介绍 Swing 中的单选按钮(JRadioButton)与复选框(JCheckBox)。

1) JRadioButton 类简介

Swing 中提供的单选按钮是 JRadioButton，其继承自 JToggleButton，也是一种能够记录状态(选中或未选中)的按钮，一共提供了 8 个构造器，以下列出了常用的三个。

(1) public JRadioButton()：创建一个没有文本与图标并且未被选定的单选按钮。

（2）public JRadioButton（string text）：创建一个具有指定文本，默认没有选中的单选按钮，参数 text 为指定的文本。

（3）public JRadioButton（string text,Icon icon）：创建一个具有指定文本和图标，默认没有选中的单选按钮，参数 text 为指定的文本、icon 为指定的图标。

单选按钮应该一组一起使用，为用户提供几选一的选择。这时对单选按钮进行编组就非常有必要。在 Swing 中对单选按钮编组使用的是 javax.swing.ButtonGroup 类。ButtonGroup 是一个不可见的控件，不需要将其添加到容器中显示在界面上，表示的是几个（一组）单选按钮之间互斥的逻辑关系。

ButtonGroup 类只提供了一个构造函数：public ButtonGroup（），在调用构造器创建 ButtonGroup 对象后可以通过其提供的方法进行各种操作。

2）JCheckBox 类简介

通过 JRadioButton 与 ButtonGroup 的配合使用，单项选择得以实现。若需要使用多项选择，则应使用复选框——JCheckBox。JCheckBox 也是 JToggleButton 的子类，因为它也是一种可以记录状态的按钮。与 JRadioButton 不同的是，JCheckBox 不需要编组使用，各个选项之间没有逻辑约束关系。

该类提供了 8 个构造器，以下几个比较常用。

（1）public JCheckBox（）：创建一个没有文本与图标并且未被选定的复选框。

（2）public JCheckBox（String text）：创建一个具有指定文本默认未被选中的复选框，参数 text 为指定的文本。

（3）public JCheckBox（String text,Icon icon）：创建一个具有指定文本和图标默认未被选中的复选框，参数 text 为指定的文本、icon 为指定的图标。

3）ItemEvent 事件

JRadioButton、JCheckBox 与 JToggleButton 除了与 JButton 一样都会触发 ActionEvnet 动作事件外，还会触发 ItemEvent 事件。关于 ItemEvent 事件需要注意以下两点。

（1）ItemEvent 事件区别于 ActionEvnet 动作事件，它不是单击按钮就会触发，而是按钮的状态发生变化时才会触发。例如，从选中到未选中，或者从未选中到选中都会触发 ItemEvent 事件。

（2）ItemEvent 事件的监听器若要实现 ItemListener 监听接口，只有向 JRadioButton、JCheckBox 或 JToggleButton 注册了实现 ItemListener 监听接口的监听器，当事件被触发时，才会执行监听器中的事件处理方法。

ItemListener 监听接口中声明了一个用于处理 ItemEvent 事件的方法,该方法的接口为：
public void itemStateChanged（ItemEvent e）

JRadioButton、JCheckBox 以及 JToggleBuRon 类中都提供了注册与注销 ItemEvent 事件监听器的方法（表 7-7）。

表 7-7　注册与注销 ItemEvent 事件监听器的方法

方法名	功能
public void addItemListener(ItemListener 1)	注册一个指定的 ItemEvent 事件监听器,参数 1 指向要注册的监听器对象
public void removeItemListener(ItemListener 1)	注销一个指定的 ItemEvent 事件监听器,参数 1 指向要注销的监听器对象

7.4.3　事件响应

事件响应是 GUI 程序设计最为关键的部分,程序需要判断是否对事件做出响应以及如何响应。它通过调用与事件关联的方法来处理、执行事件。

编写事件处理程序时,事件源、事件监听器及事件对象这三个基本因素是首先需要理解的。

(1)事件源:就是组件,它是产生事件的源头,用户通过组件与程序交互。如按下按钮,按钮就是事件源。

(2)事件监听器:负责监听组件发生的事件,一旦监听到事件发生,就会自动调用事件处理方法进行处理。

(3)事件对象:即发生的事件,如按下按钮产生一个要进行处理的事件,也就产生一个事件对象。事件对象中包含事件的相关信息。

Java 事件处理机制把事件源、事件监听器和事件对象三个基本要素关联起来,包含监听事件、发生事件、通知监听器以及处理事件的整个流程。图 7-3 为事件响应过程。

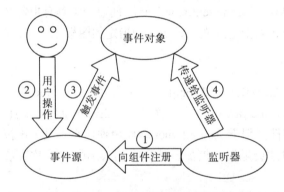

图 7-3　事件响应过程

组件随时都有可能产生一种或多种事件,程序怎样才能得知有事件发生呢?这就需要监听器(listener),可以为一个组件创建一个或多个事件监听器,并注册到该组件上,负责监听组件可能发生的事件。从语法角度来解释就是,Java 针对不同的事件定义了一组监听器接口,事件监听器位于 javax.swing.event 中,每个监听器接口包含了针对若干种具体事件的处理方法。例如,处理鼠标事件的监听器接口 MouseListener 中包含 mousePressed、mouseReleased、mouseEntered 等事件处理方法,用于处理鼠标压下、放开、进入、离开和敲击五种事件。监听器就是实现某个监听器接口的对象,通过组件的 addXXXListener()方法把该对象注册到某个组件上。不同的 Swing 组件可以实现不同事件监听器的注册。

监听器首先向特定组件注册，随时监听是否有事件发生。一旦用户对组件进行操作，如按下按钮或点击鼠标，事件就得以触发。把相关的事件信息连同组件一起封装起来，创建一个事件对象，这个事件对象将以参数的形式传递给监听器，通知监听器有事件发生，事件监听器接收到事件对象后，会采用相应的处理方式处理这个事件对象，实现监听器接口中相应的事件处理方法。一个组件可以实现多个监听器的注册，一个监听器也可以被多个组件使用。

Java 提供的主要监听器都继承自 EventListener 接口，常用的监听器及定义的方法见表 7-8，详细内容请参考 Java API 文档。

表 7-8　常用的监听器及方法

监听器接口	监听方法
ActionListener	action Performed (Action Event)
AncestorListener	ancestorAdded (Ancestor Event)
	ancestor Moved (Ancestor Event)
	ancestor Removed (Ancestor Event)
ChangeListener	state Changed (Change Event)
KeyListener	key Pressed (Key Event)
	key Released (Key Event)
	key Typed (Key Event)
MouseInputListener (继承自 MouseListener 和 MouseMotionListener)	mouse Clicked (Mouse Event)
	mouse Entered (Mouse Event)
	mouse Exited (Mouse Event)
	mouse Pressed (Mouse Event)
	mouse Released (Mouse Event)
	mouse Dragged (Mouse Event)
	mouse Moved (Mouse Event)
	mouse Adapter (Mouse Event)
MouseListener	mouse Clicked (Mouse Event)
	mouse Entered (Mouse Event)
	mouse Exited (Mouse Event)
	mouse Pressed (Mouse Event)
	mouse Released (Mouse Event)
MenuListener	menu Canceled (Menu Event)
	menu Deselected (Menu Event)
	menu Selected (Menu Event)
WindowListener	window Activated (Window Event)
	window Closed (Window Event)

续表

监听器接口	监听方法
	window Closing（WindowEvent）
	window Deactivated（Window Event）
	window Deiconified（Window Event）
	window Iconified（Window Event）
	window Opened（Window Event）

组件可能触发的事件位于 java.awt.event 和 javax.swing.event 包中，ActionEvent、ItemEvent、WindowEvent、MouseEvent 等都是比较常用的。继承关系见如图 7-4 所示。

图 7-4　继承关系

表 7-9 列出了常用事件的类名与说明。

表 7-9　常用的事件类名称及说明

事件类名称	说明
ActionEvent	发生在按下按钮、选择了一个项目或者在文本框中按下回车键
ItemEvent	发生在具有多个选项的组件上，如 JSheckBox、JComboBox
ChangeEvent	用在可设定数值的拖曳杆上，如 JSlider、JProgressBar
WindowEvent	用于处理窗口的操作
MouseEvent	用于处理鼠标的操作
FocusEvent	用于处理组件获得焦点或失去焦点时产生的事件
KeyEvent	用于处理键盘操作所产生的事件

表 7-10 列出了 Swing 组件通常可能触发的事件类型及对应的事件监听器，它们位于java.awt.event 包和 javax.swing.event 包中。

表 7-10　Swing 组件通常可能触发的事件类型及对应的事件监听器

事件源	事件类型	事件监听器
JFrame	MouseEvent WindowEvent	MouseEventListener WindowEventListener
AbstractButton（JButton、 JToggleButton、JCheckBox、 JRadioButton）	ActionEvent ItemEvent	ActionListener ItemListener
JTextField JPasswordField	ActionEvent UndoableEvent	ActionListener UndoableListener
JTextArea	CareEvent InputMethodEvent	CareListener InputMethodEventListener
JTextPane JEditorPane	CareEvent DocumentEvent	CareListener DocumenListener
JTextPane JEditorPane	UndoableEvent HyperlinkEvent	UndoableListener HyperlinkListener
JComboBox	ActionEvent ItemEvent	ActionListener ItemListener
JList	ListSelectionEvent ListDataEvent	ListSeletionListener ListDataListener
JFileChooser	ActionEvent	ActionListener
JMenuItem	ActionEvent ChangeEvent ItemEvent MenuKeyEvent MenuDragMouseEvent	ActionListener ChangeListener ItemListener MenuKeyListener MenuDragMouseListener
JMenu	MenuEvent	MenuListener
JPopupMenu	PopupMenuEvent	PopupMenuListener
JProgressBar	ChangeEvent	ChangeListener
JSlider	ChangeEvent	ChangeListener
JScrollBar	AdjustmentEvent	AdjustmentListener
JTable	ListSelectionEvent TableModelEvent	ListSelectionListener TableModelListener
JTabbedPane	ChangeEvent	ChangeListener
JTree	TreeSelectionEvent TreeExpansionEvent	TreeSelectionListenet TreeExpansionListener
JTimer	ActionEvent	ActionListener

7.5　本 章 小 结

　　本章学习了如何在 Java 中实现图形用户界面。AWT 是在 1995 年随着 Java 的发布而提出的。但是随着 Java 的不断发展，AWT 已经不能满足用户界面的需求。Sun 公司又提出包含一个新的 Java 窗口开发包，即 Swing。Java 中的两种主要容器，即窗口和面板，它们都是容器类 Container 的子类对象，对该部分内容及其相关方法本章都进行了详细介绍。开发人员可以通过标签类来建立包含文本、图像或两者都包含的标签。此外，在 GUI 应用程序中，按钮是与用户交互使用得最多的控件之一，很多功能都是通过用户按下按钮来触发代码完成的。

Java 中各种各样的图形界面，可以通过将各种控件有机地组合起来，以满足不同应用的需要。图形用户界面搭建好后，它仍然是静态的，想要使界面动起来，就需要组件对用户的行为有所响应，这就要用到事件响应机制。

练 习 题

(1) 什么是 AWT？什么是 Swing？二者之间的关系是什么？

(2) JFrame 类对象的默认布局是什么？JPanel 类对象的默认布局是什么？

(3) JFrame 的方法来源都包括哪些？JFrame 常用的方法有哪些？

(4) 如何在 JFrame 中添加组件？

(5) JPanel 的构造方法是什么？

(6) 常用的界面布局包括哪些？

(7) 常用的控件包括哪些？

(8) 事件响应机制包括哪些关键要素？

第8章　网络通信编程

8.1　Java 网络编程概述

8.1.1　TCP/IP 协议族简介

TCP/IP 是一组以 TCP 与 IP 为基础的相关协议的集合。要注意的是，该协议并不完全符合 OSI 的七层参考模型，而是采用四层结构(图 8-1)。

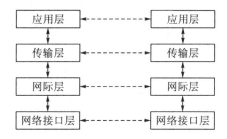

图 8-1　TCP/IP 协议的四层模型

网络接口层：管理实际的网络媒体，对如何使用实际网络来传送数据进行定义，如 Ethernet、SLIP(serial line interface protocal)等。

网际层：负责提供基本的数据封装成包传送功能，但并不保证数据能够正确传送到目的主机，工作在这一层的主要协议是 IP。

传输层：提供点到点的数据传送服务，如面向连接的 TCP(传输控制协议)、面向无连接的 UDP(用户数据报协议)等。

应用层：提供具体的应用服务协议，如 SMTP(简单电子邮件传输)、FTP(文件传输协议)、Telnet(网络远程访问协议)等。

下面简单介绍一下实际开发中常用的一些 TCP/IP 协议族中的协议。

1. IP

IP(internet protocol)是 TCP/IP 协议族的核心，也是网际层中最重要的协议，负责接收由更低层发来的数据包，并将该数据包发送到更高层，即传输层。此外，网际层也可以将从传输层接收的数据包传送到更低层。IP 是面向无连接的数据包传送，所以 IP 将包文传送到目的主机后，不会对传送正确与否进行检验，不回送确认、不保证分组的正确顺序。

2. TCP

TCP(transmission control protocol)位于传输层，提供面向连接的数据包传送服务，保证数据包能够被正确传送与接收，包括内容的校验与包的顺序，损坏的包可以被重传。要注意的是，由于 TCP 提供的是有保证的数据传送服务，因此传送效率与没有保证的服务相比要低一些，一般适合工作在广域网中，对于网络状况非常好的局域网不是很适合。当然，是否采用 TCP 是由具体的应用需求决定的。

3. UDP

UDP（user datagram protocol）即用户数据报文协议，与 TCP 位于同一层，也就是说在网际层的上一层可以选用 UDP 或 TCP。但 UDP 提供的是面向无连接的服务，不保证数据能够被正确地传送到目的主机，适合工作在网络状况良好的局域网中。

8.1.2　Socket 套接字

应用层通过传输层进行数据通信时，TCP 和 UDP 会遇到同时为多个应用程序进程提供并发服务的问题。多个 TCP 连接或多个应用程序进程可能需要通过同一个 TCP 端口传输数据。为了区别不同的应用程序进程和连接，许多计算机操作系统为应用程序与 TCP/IP 交互提供了称为套接字（Socket）的接口，以区分不同应用程序进程间的网络通信和连接。

简单讲，套接字是一种软件抽象，用于表达两台机器之间的连接。对于一个给定的连接，每台机器上都有一个套接字，可以想象为它们之间有一条虚拟的"电缆"，"电缆"的每一端都插入套接字中。当然，机器之间的物理硬件和电缆连接都是完全未知的，用户无须知道其实现细节。

要通过互联网进行通信，至少需要一对套接字，一个运行于客户端，称之为 ClientSocket；另一个运行于服务器端，称之为 ServerSocket。实际上传统 C/S 模式网络程序的核心就是通过网络连接，在客户端与服务器之间传送数据，有时也称传送的数据为消息。而客户端与服务器之间的连接一般采用 TCP Socket（套接字）。为了支持套接字网络开发，java.net 包中专门提供了用来支持套接字开发的 Socket 类与 ServerSocket 类。

关于 Socket 类与 ServerSocket 类的知识将在后续章节中详细介绍，下面简单介绍基于 Socket 连接的客户端与服务器端之间的通信模型（图 8-2），整个通信的过程如下。

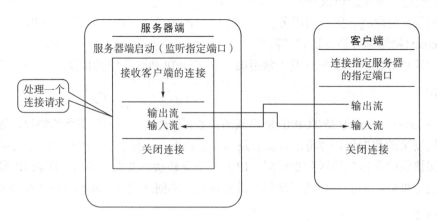

图 8-2　客户端与服务器之间的通信模型

（1）服务器端首先启动监听程序，监听指定的端口，等待接收客户端的连接请求。

（2）客户端程序启动，请求连接服务器的指定端口。

（3）服务器收到客户端的连接请求后与客户端建立套接字连接。

（4）连接成功后，客户端与服务器分别打开两个流，其中客户端的输入流连接服务器的输出流，服务器的输入流连接客户端的输出流，两边的流建立连接后就可以进行双向通信。

（5）通信完毕后，客户端与服务器各自断开连接。

生成套接字主要有 3 个参数：通信的目的 IP 地址、使用的传输层协议（TCP 或 UDP）和端口号。将这 3 个参数结合起来，与一个"插座"（Socket 的本意为"插座"）Socket 绑定，应用层就可以和传输层通过套接字接口，区分来自不同应用程序进程或网络连接的通信，使得数据传输的并发服务得以顺利实现。

8.1.3 Java 网络通信机制

网络编程的目的就是直接或间接地通过网络协议与其他计算机进行通信。网络编程中有两个主要问题，一个是如何准确地定位网络上一台或多台主机；另一个就是找到主机后如何可靠、高效地进行数据传输。在 TCP/IP 中 IP 层主要负责网络主机的定位；数据传输的路由，由 IP 地址可以唯一地确定网络上的一台主机。而 TCP 则提供面向应用的可靠的或非可靠的数据传输机制，这是网络编程的主要对象，一般网际层是如何处理数据的不是关注的重点。

完整的 Java 应用环境实际上也是一个客户机/服务器（C/S）环境结构，即通信双方中一方作为服务器等待客户提出请求并予以响应，另一方作为客户机则在需要服务时向服务器提出申请。服务器一般作为守护进程始终运行，对网络端口进行监听，一旦有客户请求，就会启动一个服务进程来响应该客户；同时自己继续监听服务端口，使后来的客户也能及时得到服务。

但区别于传统的 C/S 二层结构，应用 Java 的 Web 模型是由三层结构组成的。传统的 C/S 结构通过消息传递机制，由客户端发出请求给服务器，服务器进行相应处理后经传递机制送回客户端。而在 Web 模型中，服务器一端被分解成两部分：一部分是应用服务器（Web 服务器），另一部分是数据库服务器。

Java 在开发网络软件方面非常方便和强大，支持多种 Internet 协议，包含 Telnet、FTP、HTTP。Java 独有一套强大的用于网络的 API。对于分布式数据，Java 提供了一个 URL（Uniform Resource Locator，统一资源定位体）对象，利用此对象可打开并访问网络上的对象，其访问方式与访问本地文件系统几乎完全相同。对于分布式操作系统，Java 的 C/S 模式可以把运算从服务器分散到客户机（服务器负责提供查询结果，客户机负责组织结果的显示），使得整个系统的执行效率得到有效提高，增加动态可扩充性。Java 网络类库是 Java 语言为适应互联网环境而进行的扩展。另外，为适应互联网的不断发展，Java 还提供了动态扩充协议，使得 Java 网络类库得以不断扩充。这些 API 是一系列的类和接口，均位于包 java.net 和 javax.net 中。

（1）java.net：处理一些网络基本功能，包含 Telnet 远程登录等。

（2）java.net.FTP：处理 FTP。

（3）java.net.www.content：处理 WWW 页面内容。

在 java 网络编程中，主要包含两种方式。

（1）以 URL 为主线，通过 URL 类和 URLConnection 类对 WWW 网络资源进行访问。尽管 URL 功能不是很强，但使用 URL 十分方便直观，是一种值得推荐的网络编程方法。本质上讲，URL 网络编程在传输层使用的还是 TCP。

（2）Socket 接口和 C/S 网络编程模型。用 Java 实现基于 TCP 的 C/S 结构，主要用到的类有 Socket 和 ServerSocket；用 Java 实现基于 UDP 的 C/S 结构。这一部分在 Java 网络编程中相对而言是较难的，也是功能最为强大的一部分。

8.2 URL 类及相关类

URL 是指向互联网"资源"的"指针"，表示互联网上某一资源的地址。HTML 文件、图像文件、声音文件、动画文件以及其他任何内容（并不完全是文件，也可以是一个对数据库的查询等）均为互联网上的资源。通过 URL，就可以直接访问互联网。浏览器或其他程序通过解析给定的 URL 就可以在网络上查找到相应的文件或其他资源。

8.2.1 URL 类

为了表示 URL，java.net 中实现了类 URL。初始化一个 URL 对象可以通过以下构造方法来实现。

1. public URL（String spec）

通过一个表示 URL 地址的字符串可以构造一个 URL 对象。例如：URL urlBase=new URL（"http://www.263.net/"）。

2. public URL（URL context,String spec）

通过基地址 URL 和相对 URL 构造一个 URL 对象。例如：URL net263=new URL（"http://www.263.net"）；URL index263=new URL（net263,"index.html"）。

3. public URL（String protocol,String host,String file）

通过指定的 protocol 名称、host 名称和 file 名称创建 URL。例如：new URL（"http"，"www.gamelan.com"，"/pages/Gamelan.net.html"）。

4. public URL（String protocol,String host,int port,String file）

通过指定 protocol、host、port 号和 file 创建 URL 对象。例如：URL gamelan=new URL（"http","www.gamelan.com",80，"/pages/Gamelan.network.html"）。

需要注意的是，类 URL 的构造方法都声明抛弃非运行时异常（MalformedURLException），因此生成 URL 对象时，必须要对这一异常进行处理，通常是用 try-catch 语句进行捕获。格式如下：

```
try{
    URL myURL=new URL(…)
    }catch(MalformedURLException e){
    …     }
```

使用 URL 对象时需要注意，一个 URL 对象生成后，其属性是维持不变的，但可以通过它给定的方法来获取以下属性。

public String getProtocol()：获取该 URL 的协议名。

public String getHost()：获取该 URL 的主机名。

public String getPort()：获取该 URL 的端口号。

public String getPath()：获取该 URL 的文件路径。

public String getFile()：获取该 URL 的文件名。

public String getRef()：获取该 URL 在文件中的相对位置。

public String getQuery()：获取该 URL 的查询名。

通过 URL 类提供的方法 openStream()，就可以读取一个 URL 对象所指定的资源，其语法定义如下：

public final InputStream openStream()throws IOException；

openStream()方法打开到此 URL 的连接并返回一个用于从该连接读入的 InputStream，该方法是 openConnection().getInputstneam()方法的缩写。

方法 openStream()与指定的 URL 建立连接并返回一个 InputStream 对象，将 URL 位置的资源转成一个数据流。通过这个 InputStream 对象，URL 指向资源中的数据即可被顺利读取。

【例 8-1】 完成从本地读取文件的功能（经过修改也可以从网络获取信息）。

```java
import java.net.*;
import java.io.*;
public class Sample8_1{
    public static void main(String[] args)throws Exception{
        //URL address= new URL("http://www.sina.com/xxx/a.html");
        URL address=new URL("file:///d:/test.txt");//本地文本文件
        InputStream is=address.openStream();
        BufferedReader br=new BufferedReader(new InputStreamReader(is));
        while(true){          //从输入流不断地读数据，直到读完为止
            String s=br.readLine();
            if(s==null) break;
            System.out.println(s);          //把读入的数据显示在屏幕上
        }
    }
}
```

本程序主要完成通过 URL 类提供的方法 openStream()，就可以读取一个 URL。对象所指定的资源，通过 InputStream is=address.openStream()语句，address 的 openStream()与指定的 URL 建立连接并返回一个 InputStream 对象 is。BufferedReader br 语句表示通过这个 InputStream 对象 is，从字符输入流中读取文本到 br 缓冲区中。

8.2.2　URLConnection 类

抽象类 URLConnection 是所有类的超类，它代表应用程序和 URL 之间的通信链接。本类的实例可用于读取和写入此 URL 引用的资源。通常，创建一个 URL 的连接需要以下几个步骤。

(1)在 URL 上调用 openConnection 方法实现连接对象的创建。

(2)处理设置参数和一般请求属性。

(3)使用 connect 方法建立到远程对象的实际连接。

(4)远程对象变为可用。远程对象的头字段和内容变为可访问。

可通过以下方法来修改设置参数。

(1)setAllowUserInteraction：如果为 true，则在允许用户交互(如弹出一个验证对话框)的上下文中对此 URL 进行检查。

(2)setDoInput：将 DoInput 标志设置为 true；如果不打算使用，则设置为 false。默认值为 true。

(3)setDoOutput：将 DoOutput 标志设置为 true：如果不打算使用，则设置为 false。默认值为 false。

(4)setIfModifiedSince：将此 URLConnection 的 IfModifiedSince 字段的值设置为指定的值。

(5)setUseCaches：如果连接中的 UseCaches 标志为 true，则允许连接使用任何可用的缓存。如果为 false，则忽略缓存。默认值为 true。

URLConnection 对象的使用经历两个阶段：首先创建对象，然后建立连接。在创建对象之后，建立连接之前，可指定各种选项(如 doInput 和 UseCaches)。连接后再进行设置就会发生错误。

在使用时需要注意：URL 对象用 openConnection()打开连接，获得 URLConnection 类对象后，再用 URLConnection 类对象的 connect()方法进行连接。

如下列程序段首先生成一个指向地址 http://www.lut.cn/index.html 的对象，然后用 openConnection()打开该 URL 对象上的一个连接，返回一个 URLConnection 对象。如果连接过程失败，IOException 就无法避免。

```
Try{
        URL lut=new URL("http: //www.lut.cn/index.html");
        URLConnectonn tc=lut.openConnection();
}catch(MalformedURLException e){              //创建 URL()对象失败
...
```

```
}catch(IOException e){                          //openConnection()失败
…
}
```

类 URLConnection 提供了很多方法来设置或获取连接参数，getInputStream()和
getOutputStream()是程序设计时最常用的，其定义为：

InputSteram getInputSteram();

OutputSteram getOutputStream();

通过返回的输入/输出流可以与远程对象进行通信。示例如下：

```
URL url=new URL("http: //www.javasoft.com/cgi-bin/backwards");
//创建一 URL 对象
URLConnectin con=url.openConnection();
//由 URL 对象获取 URLConnection 对象
DataInputStream dis=new DataInputStream(con.getInputSteam());
//由 URLConnection 获取输入流，并构造 DataInputStream 对象
PrintStream ps=new PrintStream(con.getOutupStream());
//由 URLConnection 获取输出流，并构造 PrintStream 对象
String line=dis.readLine();          //从服务器读入一行
ps.println("client…");               //向服务器写出字符串"client…"
```

其中 backwards 为服务器端的 CGI 程序。实际上，URL 类的方法 openStream()是通
过 URLConnection 来实现的，它等价于 openConnection().getInputStream()。

【例 8-2】完成从互联网 URL 对应网页的信息获取。

```
import java.io.*;
import java.net.*;
import java.util.*;
class Sample8_2{
    public static void main(String[] args)throws IOException{
        if(args.length!=1){
            System.err.println("usage:java URLDemo url");
            return;
        }
        URL url=new URL(args[0]);
        //返回代表某个资源连接新的特定协议对象的引用
        URLConnection uc=url.openConnection();
        //进行连接
```

```
    uc.connect();
    //打印多种头部字段的内容
    Map m=uc.getHeaderFields();//返回头字段的不可修改的 Map
    //collection 视图的迭代器实现键-值对的迭代处理
    Iterator i=m.entrySet().iterator();
    while(i.hasNext())
        System.out.println(i.next());
    //如果资源允许输入和输出操作就找出来
        System.out.println("Input allowed="+uc.getDoInput);
        System.out.println("Output allowed="+uc.getDoOutput);
    }
}
```

本程序主要调用 URL 类提供的方法 openConnection()，在调用返回后，调用了 connect()方法，该方法用于建立某种资源的连接(尽管 openConnection()方法返回一个连接对象的引用，但是它不会连接到资源)。URLConnection 的 getHeaderFields()方法返回一个对象的应用，该对象的类实现了 java.util.Map 接口。该图表(map)包含头部名称和值的集合。头部是基于文本的名称/值对，资源数据的类型、长度等可通过它得以有效识别。

8.3　Socket 套接字编程

java.net 包中的低级 API 主要用来对网络地址、套接字(Socket)和网络接口进行抽象处理。java.net 包通过以下几个类提供上述低层网络编程。

(1)InetAddress 类表示 IP(Internet 协议)地址的抽象，它拥有用于 IPv4 地址的 Inet4Address 和用于 IPv6 地址的 Inet6Address 两个子类。

(2)Socket 类是在网络上建立机器之间通信链接的方法。java.net 包提供了 4 种套接字：Socket 是 TCP 客户端 API，通常用于连接远程主机；ServerSocket 是 TCP 服务器 API，通常用于接收源于客户端套接字的连接；DatagramSocket 是 UDP 端点 API，用于发送和接收数据包；MulticastSocket 是 DatagramSocket 的子类，在处理多播组时使用。TCP 套接字的发送和接收操作需要在 InputStream 和 OutputStream 的帮助下完成，这两者是通过 Socket.getInputStream()和 Socket.getOutputStream()方法获取的。

(3)NetworkInterface 类。从 JDK1.4 开始，Java 提供了一个 NetworkInterface 类。这个类可以得到本机所有的物理网络接口和虚拟机等软件利用本机物理网络接口创建的逻辑网络接口的信息。

8.3.1　网络地址 InetAddress 类

java.net.InetAddress 类是 Java 的 IP 地址封装类，此类表示互联网协议(IP)地址。它不需要用户了解如何实现地址的细节。

InetAddress 类采用工厂设计模式, 不提供任何公开的构造函数。此类有 3 个静态工厂方法, 其中两个接收字符串变量, 可以是圆点加十进制 IP 地址或域名; 另外一个不接收任何变量, 它返回本地 IP 地址。其定义及使用见表 8-1。

表 8-1 InetAddress 类静态工厂方法

Static InetAddress	getByName(String host)在给定主机名的情况下确定主机的 IP 地址
Static InetAddress[]	getAllByName(String host)在给定主机名的情况下, 根据系统上配置的名称服务返回其 IP 地址所组成的数组
Static InetAddress	getLocalHost()返回本地主机

getLocalHost 方法的格式如下:

      public static InetAddress getLocalHost() throws UnknownHostException;

其返回本地主机 IP 地址。

8.3.2 Socket 通信

Socket 接口是访问 Internet 使用得最广泛的方法。如一台刚刚配好 TCP/IP 协议的主机, 其 IP 地址是 202.201.33.131.131, 此时在另一台主机或同一台主机上执行 ftp: //202.201.33.131, 显然连接是无法有效建立的。因为这台主机没有运行 FTP 服务软件。同样, 在另一台或同一台主机上运行浏览软件, 如在 IE 中输入 "http: //202.201.33.131", 也无法建立连接。如果在这台主机上运行一个 FTP 服务软件(该 FTP 服务软件将打开一个 Socket, 并将其绑定到 21 端口)和一个 Web 服务软件(该 Web 服务软件将打开另一个 Socket, 并将其绑定到 80 端口)。这样, 在另一台主机或同一台主机上执行 ftp: //202.201.33.131, FTP 客户软件将通过 21 端口呼叫主机上由 FTP 服务软件提供的 Socket, 与其建立连接并对话。而在 IE 中输入 "http: //202.201.33.131" 时, 将通过 80 端口呼叫主机上由 Web 服务软件提供的 Socket, 与其建立连接并对话。

在 Internet 上有很多这样的主机, 这些主机一般运行了多个服务软件, 同时提供几种服务。每种服务都打开一个 Socket, 并绑定到一个端口上, 不同的端口和不同的服务保持对应关系。Socket 正如其英文原意那样, 像一个多孔插座。一台主机犹如布满各种插座的房间, 每个插座有一个编号, 有的插座提供 220V 交流电, 有的提供 110V 交流电, 有的提供有线电视节目。客户软件将插头插到不同编号的插座, 就可以得到不同的服务。

1. Java 中的 Socket 概念

Java 中的 Socket 称为套接字, 它是 Java 中提供的 TCP/IP 的编程接口, 用于描述 IP 地址和端口, 是一个通信链的句柄。具体而言它是指在两台计算机上运行的两个程序之间的一个双向通信连接点, 而每一端称为一个 Socket, 它提供一种面向连接的可靠的数据传输方式, 能够保证发送的数据按照顺序无重复到达目的地。

2. Socket 的通信机制

使用 Socket 进行 Client/Server 程序设计的一般连接过程为 Server 端 Listen（监听）某个端口是否有连接请求，Client 端向 Server 端发出 Connect（连接）请求，Server 端向 Client 端发回 Accept（接收）消息。Server 端和 Client 端都可以通过 Send、Write 等方法与对方通信，其工作流程如图 8-3 所示。

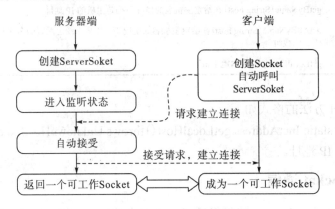

图 8-3　C/S 程序工作流程

对于一个功能齐全的 Socket，以下基本结构都应该包括在内，其工作过程包含以下 4 个基本步骤。

(1) 创建 Socket。

(2) 打开连接到 Socket 的输入/出流。

(3) 按照一定的协议对 Socket 进行读/写操作。

(4) 关闭 Socket。

3. Socket 类与 ServerSocket 类

Java 在 java.net 包中提供了两个类 Socket 和 ServerSocket，分别用来表示双向连接的客户端和服务端。这是两个封装得非常好的类，使用方便。其常用构造方法如下：

Socket(InetAddress address,int port);

Socket(String host,int port);

Socket(SocketImpl impl);

Socket(String host,int port,InetAddress localAddr,int localPort);

Socket(InetAddress address,int port,InetAddress localAddr,int localPort);

ServerSocket(int port);

ServerSocket(int port,int backlog);

ServerSocket(int port,int backlog,InetAddress bindAddr);

其中，address、host 和 port 分别是双向连接中另一方的 IP 地址、主机名和端口号；stream 指明 Socket 是流 Socket 还是数据报 Socket；localPort 表示本地主机的端口号；localAddr 和 bindAddr 是本地主机的地址（ServerSocket 的主机地址）；impl 是 Socket 的父类，既可以用来创建 ServerSocket，又可以用来创建 Socket；count 表示服务端所能支持的最大连接数。

例如：

```
Socket client=new Socket("127.0.01.",80);  //向本机的 80 端口发出客户请求
ServerSocket server=new ServerSocket(80);  //创建一个 ServerSocket 在 80 端口
监听客户请求
```

需要注意的是，在选择端口时，必须小心谨慎。每一个端口提供一种特定服务，只有给出正确的端口，相应的服务才能够得到。0～1023 的端口号为系统所保留，所以在选择端口号时，最好选择一个大于 1023 的端口号以防止发生冲突。在创建 Socket 时如果发生错误，将产生 IOException，在程序中必须对其做出处理。所以在创建 Socket 或 ServerSocket 时必须捕获或抛出例外。

当客户程序需要与服务器程序通信时，客户端程序需在客户机创建一个 Socket 对象。Socket 类有几个构造函数，两个常用的构造函数是 Socket（InetAddress addr，int port）和 Socket（String host，int port）。这两个构造函数都创建了一个基于 Socket 的连接服务器端的流套接字。对于第 1 个 InetAddress 子类对象通过 addr 参数获得服务器主机的 IP 地址；对于第 2 个函数 host 参数被分配到 InetAddress 对象中，如果没有 IP 地址与 host 参数相一致，那么将抛出 UnknownHostException 异常对象。两个函数都通过参数 port 获得服务器的端口号。假设连接已经建立，Java 网络 API 将在客户端基于 Socket 的流套接字中捆绑客户程序的 IP 地址和任意一个端口号，否则两个函数都会抛出一个 IOException 对象。如果创建了一个 Socket 对象，那么它可能通过调用 Socket 的 getInputStream（）方法从服务程序获得输入流读取传送来的信息，也可能通过调用 Socket 的 getOutputStream（）方法获得输出流来发送消息。在读写操作完成后，客户程序调用 close（）方法关闭流和流套接字。

4. TCP 协议下的 Socket 通信示例程序

【例 8-3】本程序主要完成客户端和服务器端的交互式输出，服务器端的程序代码如下。

```
import java.io.*;
import java.net.*;
public class EchoServer {
    private int port=8000;
    private ServerSocket serverSocket;
    public EchoServer() throws IOException {
        serverSocket = new ServerSocket(port);
        System.out.println("服务器启动");
    }
    public String echo(String msg) {
```

```java
            return "echo:" + msg;
    }
    private PrintWriter getWriter(Socket socket)throws IOException{
        OutputStream socketOut = socket.getOutputStream();
        return new PrintWriter(socketOut, true);
    }
    private BufferedReader getReader(Socket socket)throws IOException{
        InputStream socketIn = socket.getInputStream();
        return new BufferedReader(new InputStreamReader(socketIn));
    }
    public void service() {
        while (true) {//主循环
            Socket socket=null;
            try {
                socket = serverSocket.accept();  //等待客户连接
                System.out.println("New connection accepted "
                    +socket.getInetAddress() + ":" +socket.getPort());
                BufferedReader br = getReader(socket);//获得当前客户端的输入流
                PrintWriter pw = getWriter(socket);//获得当前客户端的输出流
                String msg = null;
                while ((msg = br.readLine()) != null) {
                    System.out.println(msg);
                    pw.println(echo(msg));
                    if (msg.equals("bye")) //如果客户发送的消息为"bye"，就结
束通信
                        break;
                }//while ((msg = br.readLine()) != null)
            }//try
            catch (IOException e) {
                e.printStackTrace();
            }finally {
                try{
                    if(socket!=null)
                        socket.close();  //断开连接
                }catch (IOException e) {e.printStackTrace();}
            }//finally
        }//while (true)
    }
```

```java
    public static void main(String args[])throws IOException {
        new EchoServer().service();
    }
}
```

【例 8-4】本程序主要完成客户端和服务器端的交互式输出，客户端的程序代码如下。

```java
import java.net.*;
import java.io.*;
import java.util.*;
public class EchoClient {
    private String host="localhost";
    private int port=8000;
    private Socket socket;
    public EchoClient()throws IOException{
        socket=new Socket(host,port);
    }
    private PrintWriter getWriter(Socket socket)throws IOException{
        OutputStream socketOut = socket.getOutputStream();
        return new PrintWriter(socketOut,true);
    }
    private BufferedReader getReader(Socket socket)throws IOException{
        InputStream socketIn = socket.getInputStream();
        return new BufferedReader(new InputStreamReader(socketIn));
    }
    public void talk()throws IOException {
        try{
            BufferedReader br = getReader(socket);
            PrintWriter pw = getWriter(socket);
            BufferedReader localReader = new BufferedReader(new InputStream
Reader(System.in));
            String msg=null;
            while((msg=localReader.readLine())!=null){
                pw.println(msg);
                System.out.println(br.readLine());
                if(msg.equals("bye"))
                    break;
            }
        }catch(IOException e){
```

```
            e.printStackTrace();
        }finally{
            try{socket.close();}catch(IOException e){e.printStackTrace();}
        }
    }
    public static void main(String args[])throws IOException{
        new EchoClient().talk();
    }
}
```

服务器和客户端套接字输入/输出流的对应关系如图 8-4 所示。

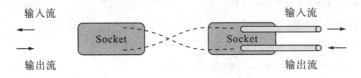

图 8-4　服务器和客户端套接字输入/输出流的对应关系

8.4　数据报编程

TCP/IP 协议包含 TCP 协议和 UDP 协议。UDP 协议的应用范围比 TCP 协议的应用范围要小一些。但是，随着计算机网络的发展，UDP 协议的优势逐渐显现，尤其是在需要很强的实时交互性的场合，如网络游戏、视频会议等。下面介绍 Java 环境下如何实现 UDP 网络传输。

8.4.1　数据报简介

数据报（datagram）就像日常生活中的邮件系统一样，不能确保可靠地寄到。而面向链接的 TCP 就好比是电话，双方都能肯定对方接收到了信息。

TCP 和 UDP 的区别主要体现在：TCP 实现了可靠、无大小限制的传输，但是需要时间建立连接，差错控制开销也大。UDP 不需要建立连接、传输不可靠，差错控制开销较小，传输大小限制在 64KB 以下。

8.4.2　DatagramSocket 和 DatagramPacket

Java.net 包中的 DatagramSocket 和 DatagramPacket 类支持数据报通信。其中，DatagramSocket 用于在程序之间建立通信连接；DatagramPacket 用于表示一个数据报。

1. DatagramSocket 的构造方法

（1）DatagramSocket()：用本地主机上可用的端口号构造一个连接。

（2）DatagramSocket（int port）：用指定端口号构造一个连接。

（3）DatagramSocket（int port,InetAddress laddr）：用指定端口号和IP地址构造一个连接。

其中，port 指明 Socket 所使用的端口号，如果未指明端口号，则把 Socket 连接到本地主机上一个可用的端口；laddr 指明一个可用的本地地址。

给出端口号时要保证不发生端口冲突，否则就会抛出 SocketException 异常。调用以上构造方法时都会抛出 SocketException 异常。示例代码如下：

```
try{DatagramSocket ds1=DatagramSoceket();
    DatagramSocket ds2=DatagramSocket(5678);
    DatagramSocket ds3=DatagramSocket(5678,InetAddress.getByName(localhost).);
    …    //其他处理代码
}catch(SocketException e)
    {  //异常处理代码  }
```

用数据报方式编写 Client/Server 程序时，无论在客户端还是在服务器端，首先都要建立一个 DatagramSocket 对象，然后使用 DatagramPacket 对象作为传输数据的载体。

2. DatagramPacket 的构造方法

（1）DatagramPacket（byte buf[],int length）。

（2）DatagramPacket（byte buf[],int length,InetAddress addr,int port）。

（3）DatagramPacket（byte[] buf,int offset,int length）。

（4）DatagramPacket（byte[] buf,int offset,int length,InetAddress addr，int port）。

其中，buf 存放数据报的数据；length 为数据报中数据的长度；addr 和 port 指明目的地址；offset 指明要发送的数据是从 buf 的 offset 处开始到数据报的结尾。

3. UDP 的通信模式

1）发送数据

发送数据前，先将数据打包，然后创建一个 DatagramPacket 对象，通过 DatagramSocket 的 send（）方法实现数据发送。send（）根据数据报的目的地址寻径，以便实现数据报的传递。示例代码如下：

```
try{
    InetAddress address=InetAddress.getByName("localhost");
    DatagramPacket data=new DatagramPacket(buffer,buffer.length,address,
888);
    DatagramSocket mail_data=new DatagramSocket();
    mail_data.send(data);         //将数据 data 发送出去
//其他处理代码
```

```
}catch(Exception e)
    {//异常处理代码}
```

2）接收数据

在接收数据前，先创建一个 DatagramPacket 对象，给出接收数据的缓冲区及其长度，然后调用 DatagramSocket 的 receive()方法等待数据报的到来。receive()将一直等待，直到收到一个数据报为止。示例代码如下：

```
try{
    DatagramSocket mail_data=new DatagramSocke(666);//从端口 666 处接收数据
    DatagramPacket data_pack=new DatagramPacket(data,data.length);
    //data 为指定接收数据的字节数组
    mail_dataseceive(data_pack);//利用 receive 方法等待接收数据
    //其他处理代码
    }catch(Exception e)
    {//异常处理代码}
```

8.5 本章小结

在 Java 网络应用开发中，主要涉及 TCP/IP、UDP、Socket 套接字，本章重点对 Socket 套接字编程进行介绍。URL 表示 Internet 上某一资源的地址，通过 URL 就可以直接访问 Internet。浏览器或其他程序可通过解析给定的 URL 就可以在网络上找到相应的文件或其他资源。java.net 包中 DatagramSocket 和 DatagramPacket 类支持数据报的通信。其中，DatagramSocket 用于在程序之间建立通信连接；DatagramPacket 用于表示一个数据报。

练 习 题

（1）什么是 Socket？Java 中表示网络地址的类是什么？如何获取本机地址？

（2）什么是 URL？在 TCP/IP 网络体系结构中它位于哪一层？

（3）如何初始化一个 URL 类对象？

（4）创建一个到 URL 的连接需要几个步骤？

（5）Socket 的通信如何实现？

（6）Socket 类与 ServerSocket 类常用的构造方法包括哪些？

（7）DatagramSocket 类的构造方法包括哪些？

（8）DatagramPacket 类的构造方法包括哪些？

第9章 数据库编程

9.1 Java 数据库编程概述

Java 数据库编程中使用的就是 JDBC（java data base connectivity），它是 Java 数据库连接应用程序的编程接口（API）。下面通过 JDBC 来介绍 Java 数据库编程。

9.1.1 JDBC 简介

JDBC 是一种用于执行 SQL 语句的 Java API，可以为多种关系数据库提供统一的访问界面，它由一组用 Java 语言编写的类和接口组成。JDBC 提供了一种基准，在此基础上更高级的工具和接口得以构建，使 Java 开发人员能够编写数据库应用程序。实际上，JDBC 已经成为 Java 与许多数据库实现数据连接的规范和工业标准。

有了 JDBC，向各种关系数据库发送 SQL 语句就是一件很容易的事。换言之，有了 JDBC API，程序员就不必为访问各种数据库，如 Sybase 数据库、Oracle 数据库、Informix 数据库等专门编写一个程序，只需用 JDBC API 即可向相应数据库发送 SQL 语句。将 Java 语言和 JDBC 结合起来使程序员只需写一个程序就可以让它在任何平台上运行，这也是 Java 语言 "Write once run anywhere!" 的具体体现。

Java 数据库连接体系结构是用于 Java 应用程序连接数据库的标准方法。JDBC 对 Java 程序员而言是 API，对实现与数据库连接的服务提供商而言是接口模型。作为 API，JDBC 为程序开发提供了标准的接口，并为数据库厂商及第三方（中间件厂商）实现与数据库的连接提供了标准方法。JDBC 使用已有的 SQL 标准并支持与其他数据库的连接标准，如 ODBC 之间的桥接。JDBC 实现了所有面向标准的目标，并且具有简单、严格类型定义且高性能实现的接口。

JDBC 由一系列的类和接口组成，包括连接（Connection）、SQL 语句（Statement）和结果集（ResultSet）等，分别用于实现建立与数据库的连接、向数据库发起查询请求、处理数据库返回的结果等功能。

9.1.2 JDBC 的层次及其重要性

JDBC 是一个低级接口，可用于直接调用 SQL 命令，相比其他的数据库更易于连接 API，它同时也被设计为一种基础接口，高级接口和工具可以在它之上有效建立。高级接口是 "对用户友好" 的接口，它使用的是一种更易理解和更为方便的 API，这种 API 在幕后被转换为诸如 JDBC 这样的低级接口。JDBC 的层次如图 9-1 所示。

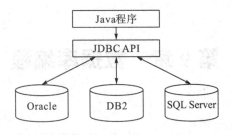

图 9-1 JDBC 的层次

在关系数据库的"对象/关系"映射中，表中的每行与类的一个实例保持一一对应关系，而每列的值可以对应于该实例的一个属性。因此，可以编写对应的 Java 类，将关系表中的列对应到属性，然后可直接对 Java 对象的属性进行存取操作；针对数据库存取数据所需的 SQL 调用将封装在相应的方法之下，由此屏蔽了 JDBC API 的调用。此外，还可提供更复杂的映射，如将多个表中的行结合到一个 Java 类中。

通过 JDBC 访问数据库，必须提供相应 DBMS 的驱动程序，通过 java.sql.DriverManager 类加载和管理 JDBC 驱动程序。JDBC 连接数据库的方式如图 9-2 所示。

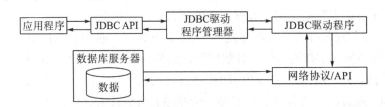

图 9-2 JDBC 连接数据库示意图

JDBC 的重要特性体现在以下几个方面。

(1) JDBC 不限制传递到底层 DBMS 驱动程序的查询类型。

(2) JDBC 机制理解和使用起来非常容易。

(3) JDBC 提供与 Java 系统其他部分保持一致的 Java 接口。

(4) JDBC 提供常见数据库上 API 接口的高效实现。

SQL 是用于访问关系数据库的标准语言，但到目前为止还没有建立一个统一的标准，这就为处理不同数据库的不同类型数据带来了一些问题，称其为 SQL 的一致性问题。Java 处理 SQL 一致性的方法如下。

(1) JDBC API 允许将任何查询字符串传递到底层 DBMS 驱动程序。

(2) 提供 java.sql.Types 完成各种数据类型的封装。

(3) 提供内置功能，便于将包含转义序列的 SQL 查询转换为数据库可理解的格式。

(4) 提供 DatabaseMetaData 接口，允许用户检索关于所使用的 DBMS 信息。

9.1.3 JDBC 与 ODBC 的比较

Microsoft 公司的 ODBC API 是早期使用较广的、用于访问关系数据库的编程接口，它几乎能在所有平台上连接所有数据库。Java 也可以使用 ODBC，但要通过 JDBC-ODBC

桥的形式来实现。ODBC 不适合直接在 Java 中使用,因为它使用 C 语言接口。从 Java 调用本地 C 代码在安全性、实现、坚固性和程序的自动移植性方面都有许多缺点,从 ODBC API 到 Java API 的字面翻译也是不可取的。因此,Java 专门提供了 JDB-ODBC 桥驱动,通过 JDBC 来使用 ODBC API,这意味着早期使用 ODBC 的应用程序可以很容易地移植到 Java 应用程序。

ODBC 很难学,它把简单功能和高级功能混在一起,即使对于简单的查询,其选项也非常复杂。相反,JDBC 尽量保证简单功能的简便性,同时在必要时允许使用高级功能。启用"纯 Java"机制需要像 JDBC 这样的 Java API。如果使用 ODBC,就必须手动将 ODBC 驱动程序管理器和驱动程序安装在每台客户机上。如果完全用 Java 编写 JDBC 驱动程序,则 JDBC 代码在所有 Java 平台上(从网络计算机到大型机)都可以自动安装、移植并保证安全性。

总之,JDBC API 对于基本的 SQL 抽象和概念是一种自然的 Java 接口,它继承了 ODBC 的体系结构,因此,熟悉 ODBC 的程序员将发现 JDBC 使用起来非常容易。JDBC 保留了 ODBC 的基本设计特征,两种接口都基于 X/Open SQL CLI(调用级接口)。它们之间最大的区别在于 JDBC 以 Java 风格与优点为基础并进行优化,因此更易于使用。

目前,Microsoft 公司又引进了 ODBC 之外的新 API,即 RDO、ADO 和 OLE DB。这些设计在许多方面都与 JDBC 相同,即它们都是面向对象的数据库接口,且基于可在 ODBC 上实现的类。但在这些接口中,并没有特别的功能可以替代 ODBC,尤其是在 ODBC 驱动程序已建立起较为完善的市场情况下,它们最多也就是在 ODBC 上加了一种装饰而已。

9.1.4 JDBC 驱动程序的类型

目前,比较常见的 JDBC 驱动程序可分为以下 4 类。

1. JDBC–ODBC 桥加 ODBC 驱动程序

JavaSoft 桥产品利用 ODBC 驱动程序提供 JDBC 访问(图 9-3)。注意,必须将 ODBC 二进制代码(许多情况下还包括数据库客户机代码)加载到使用该驱动程序的每台客户机上。因此,这种类型的驱动程序最适合于企业网(这种网络上客户机的安装不是主要问题),或者是用 Java 编写的三层结构的应用程序服务器代码。

需要注意的是,从 JDK 8 开始,Java 不再提供 JDBC-ODBC 桥支持。

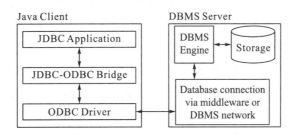

图 9-3 ODBC 桥接数据库

2. 本地 API

这种类型的驱动程序把客户 API 上的 JDBC 调用转换为 Oracle、Sybase、Informix、DB2 或其他 DBMS 的调用(图 9-4)。注意,与桥驱动程序一样,这种类型的驱动程序要求将某些二进制代码加载到每台客户机上。

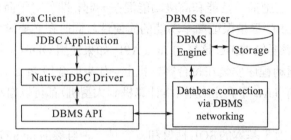

图 9-4　本地 JDBC API 连接数据库

3. JDBC 网络纯 Java 驱动程序

这种驱动程序将 JDBC 转换为与 DBMS 无关的网络协议,然后这种协议又被某个服务器转换为一种 DBMS 协议(图 9-5)。这种网络服务器中间件能够将它的纯 Java 客户机连接到多种不同的数据库上,所用的具体协议是由提供者决定的。通常,这是最为灵活的 JDBC 驱动程序,有可能所有这种解决方案的提供者都提供适合于 Intranet 使用的产品。为了使这些产品也支持 Internet 访问,Web 所提出的安全性、通过防火墙的访问等方面的额外要求必须得到处理。

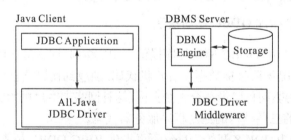

图 9-5　纯 Java 实现基于网络的 JDBC 驱动

4. 本地协议纯 Java 驱动程序

这种类型的驱动程序将 JDBC 调用直接转换为 DBMS 所使用的网络协议(图 9-6)。这将允许从客户机上直接调用 DBMS 服务器,是 Intranet 访问的一个很实用的解决方法。由于许多这样的协议都是专用的,因此数据库提供者将是这类驱动程序的主要提供者。

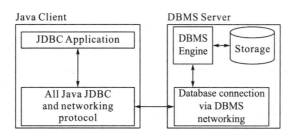

图 9-6　本地协议纯 Java 驱动程序

其中，第 3 种和第 4 种驱动程序是使用 JDBC 驱动程序访问数据库的首选方式。

9.2　JDBC 主要类与接口

JDBC 的核心类和接口定义在 java.sql 包中，详见表 9-1。

表 9-1　JDBC 的核心类和接口

核心类和接口	说明
Driver 接口	JDBC 驱动程序接口
DriverManager 类	JDBC 驱动程序管理器
Connection 接口	与数据库的连接
Statement 接口	用于执行静态 SQL 语句
PreparedStatement 接口	用于执行预编译的 SQL 语句
ResultSet 接口	SQL 查询返回的结果集

1. Driver 接口

Driver 是 JDBC 驱动程序接口，所有 JDBC 驱动程序必须实现的方法都包含在内。Java 的 SQL 框架可以有多个由数据库厂商提供的 JDBC 驱动程序，但其中必须有实现了 Driver 接口的类。

Java 程序通过加载或注册 JDBC 驱动程序创建 Driver 实例，例如：

```
Class.forName("sun.jdbc.odbc.JdbcOdbcDriver");  //加载 JDBC-ODBC 桥
Class.forNamer("com.mysql.jdbc.Driver");        //加载 MySQL 驱动程序
```

创建 Driver 实例后，JVM 会向 DriverManager 注册该实例，以便通过它实现对特定数据库的连接。

2. DriverManager 类

DriverManager 类提供对各种 JDBC 驱动程序进行管理的基本服务。它的 getConnection()

静态方法可用于完成与指定数据库 URL 连接的操作，并返回 Connection 对象。

（1）static Connection getConnection（String url）throws SQLException。

（2）static Connection getConnection（String url,String user,String password）throws SQLException。

（3）static Connection getConnection（String url,Properties info）throws SQLException。

例如：

```
String url="jdbc:odbc:booksdb";
Connection conn=DriverManager.getConnection(url); //连接 booksdb 数据库
```

例中，DriverManager 类尝试从所有加载的驱动程序中查找合适的 JDBC 驱动程序，然后通过它连接到数据库 URL 指定的 booksdb 数据库，以便顺利获得 Connection 对象。

有些数据库连接时要求输入用户名和密码，例如：

```
String url="jdbc:mysql://localhost:3306/test";
Connection conn=DriverManager.getConnection(url,"root","root");
```

数据库操作会涉及汉字编码问题，如 Access 使用 GB2312 编码、Java 使用 UTF-8 编码，这时输入汉字可能会有乱码现象。因此，程序中可以通过设置数据库编码集属性来解决该问题，例如：

```
String url="jdbc:odbc:booksdb";            //数据库 URL
Properties prop=new Properties();          //创建属性对象
prop.put("charSer","GB2312");              //设置编码集属性
Connection conn=DriverManager.getConnection(url.prop);    //连接 booksdb 数
据库，使用 GB2312 编码
```

3. Connection 接口

Connection 接口是与特定数据库的连接。基于该连接可以创建执行 SQL 语句并返回相关结果的 Statement 和 PreparedStatement 对象。

（1）Statement createStatement（）throws SQLException。

（2）PreparedStatement prepareStatement（String sql）throws SQLException。

4. Statement 接口

Statement 接口执行静态的 SQL 语句，并返回它所生成的结果对象。

（1）boolean execute（String sql）throws SQLException。

（2）ResultSet executeQuery（String sql）throws SQLException。

（3）int executeUpdate（String sql）throws SQLException。

其中，executeQuery()执行 SQL 查询，会返回结果集；executeUpdate()执行 INSERT、UPDATE、DELETE 语句，或不返回任何内容的 SQL 语句；execute()可以执行任何 SQL 语句，并可以返回多个结果集。例如：

```
Statement stmt=conn.createStatement();
stmt. executeUpdate("INSERT INTO t_book VALUES('005','大学英语',26)");
ResultSet rst=stmt.executeQuery("SELECT * from t_book");
```

5. PreparedStatement 接口

PreparedStatement 是 Statement 的子接口，用于执行预编译的 SQL 语句，即 SQL 语句被预编译并存储在 PreparedStatement 对象中。多次调用此对象的执行方法即可重复运行该 SQL 语句，从而有效地提高执行 SQL 语句的效率。

创建 PreparedStatement 对象必须使用 Connection 对象的 prepareStatement()方法，其中带有预编译的 SOL 语句：

PreparedStatement pstmt=conn.prepareStatement("SELECT * FROM t_book WHERE title=?")

预编译的 SQL 语句可以接收 IN 参数，即上例 SQL 字符串中的"?"。在每一次执行时，给 SQL 语句传送不同的参数，使得程序的灵活性得到很大程度地提高。PreparedStatement 接口增加了清除或设置参数的方法。

(1)void clearParameters()throws SQLException。

(2)void setXXX(int parameterIndex，XXX x)throws SQLException。

其中，XXX 表示设置 IN 参数的类型，必须与 SQL 定义的输入参数类型兼容；parameterIndex 是 IN 参数的索引位置。

执行 PreparedStatement 对象的预编译 SQL 语句使用下列方法。

(1)boolean execute()throws SQLException。

(2)ResultSet executeQuery()throws SQLException。

(3)int executeUpdate()throws SQLException。

这些方法的使用范围与 Statement 对象相应方法的使用范围相同。

注意，如果执行有 IN 参数的 SQL 语句，需要给 IN 参数赋值后才能执行。例如：

```
PreparedStatement pstmt=conn.prepareStatement("UPDATE t_book SET price=?
WHERE ISBN=?");
pstmt.setFloat(1,30);              //设置 price
pstmt.setString(2,"005");          //设置 ISBN
pstmt.executeUpdate();             //执行 UPDATE
```

6. ResultSet 接口

ResultSet 接口是 SQL 查询返回的结果集，用数据表表示。获取结果集中的数据需要使用 ResultSet 对象指向其当前数据行的光标。光标的初始值指向结果集第一行前面的位置，使用前必须调用一次 next()方法，以将光标移到第一行：

boolean next()throws SQLException。

处理查询结果集的过程类似于下面这个循环：

```
while(rs.next()){
    //处理查询结果集语句
}
```

例如：

```
ResultSet rst=stmt.executeQuery("SELECT * from t_book");
while(rst.next()){
System.out.println(rst.getString(1)  +  "  "+rst.getString(2)+"  "+rst.
getFloat(3));
}
```

这里，获得 ResuhSet 对象当前行指定字段的值需使用 getXXX()方法：

（1）XXX getXXX（int columnIndex）throws SQLException。

（2）XXX getXXX（String columnLabel）throws SQLException。

XXX 表示字段的类型，必须与 SQL 定义的数据类型兼容。指定字段可以用字段索引，也可以用字段名。

9.3 JDBC 数据库访问操作

访问数据库首先需要加载JDBC驱动程序，并使用数据库URL与特定数据库建立连接。

本章示例中使用的 JDBC 驱动程序是 JDBC-ODBC 桥"sun.jdbc.odbc.JdbcOdbcDriver"。它由 JDK 提供，存储在 Java 安装目录下的 jre/lib/rt.jar 中。

如果使用其他驱动程序，需要根据其帮助文档的说明来加载驱动程序。例如，一些常用的 JDBC 驱动程序：

```
com.mysql.jdbc.Driver                              //MySQL
oracle.jdbc.driver.OraeleDriver                    //Oracle
com.sybase.jdbc.SybDriver                          //Sybase
com.microsoft.jdbc.sqlserver.SQLServerDriver       //SQLServer
```

它们都实现了 Driver 接口。

数据库 URL 是 JDBC 用来描述特定数据库的。标准句法格式为：

jdbc:<subprotocol>:<subname>;

其中，subprotocol 表示驱动程序名或连接机制；subname 表示连接的数据库。由各第三方厂商自行规定了具体结构和内容。

如果 JDBC 访问的数据库是 Web 数据库，建议 subname 参数采用标准 URL 命名形式：

//hostname:port/other;

例如：

```
jdbc:odbc:booksdb
jdbc:mysql://localhost/test
jdbc:sqlserver://127.0.0.1:1433;databaseName=MyDB
```

使用 JDBC 访问数据库的工作步骤及使用的类及接口见表 9-2。

表 9-2　使用 JDBC 访问数据库的步骤

步骤	说明	示例代码
1	加载 JDBC 驱动程序	Class.forName (driver) ;
2	连接数据库	connection conn= DriverManager.getConnection (url) ;
3	创建 Statement 对象	Statement stmt=conn.createStatement () ;
	创建 Preparedstatement 对象	Preparedstatement pstmt=conn.preparestatement (sql) ;
4	执行 Statement 对象	stmt execute (sql) ; stmt executeupdate (sql) ; Resultset rst=stmt. executeQuery (sql) ;
	执行 PreparedStatement 对象	pstmt.execute () ; pstmt.executeUpdate () ; ResultSet rst=pstmt.executeQuery () ;
5	处理结果集	while (rst.next ()) {...}
6	关闭数据库连接	conn.close () ;

【例 9-1】JDBC 的使用 1。

该示例演示了使用 JDBC 检索 mysql 数据库中数据表的操作。其中 user 数据表结构见表 9-3。

表 9-3　user 表结构

字段名	类型	长度	备注
userid	int	8	主键
username	varchar	8	用户名
password	varchar	8	密码

```java
import java.sql.Connection;
import java.sql.DriverManager;
import java.sql.ResultSet;
import java.sql.SQLException;
import java.sql.Statement;

public class mysqltest1 {
    public static void main(String[] args) {
        Connection con = null;
        Statement sta = null;
        ResultSet rs = null;
        //1.加载 JDBC 驱动程序
        try{
            Class.forName("com.mysql.jdbc.Driver");
        }catch(ClassNotFoundException e){e.printStackTrace();}
        try{
            //2.获得连接对象
            String url = "jdbc:mysql://localhost:3306/mldn";
            String username = "root";
            String password = "mysql";
            con = DriverManager.getConnection(url,username,password);
            //3.建立 Statement 对象
            sta = con.createStatement();
            //4.执行 SQL 语句
            String sql = "select * from user";
            rs = sta.executeQuery(sql);
            //5.处理得到的结果集
            while(rs.next()){
                System.out.print(rs.getString("userid")+" ");
                System.out.print(rs.getString("username")+" ");
                System.out.println(rs.getString("password"));
            }
        }catch(SQLException e){e.printStackTrace();}
        finally{
            //6.关闭资源
            try{
                if(rs!= null)
                    rs.close();
```

```
                    if(sta!= null)
                        sta.close();
                    if(con!= null)
                        con.close();

                }catch(SQLException e){e.printStackTrace();}
            }
        }
    };
```

【例 9-2】 JDBC 的使用 2。

该示例演示了使用 JDBC 插入、删除、修改 mysql 数据库中数据表记录的操作。

```java
import java.sql.Connection;
import java.sql.DriverManager;
import java.sql.ResultSet;
import java.sql.SQLException;
import java.sql.Statement;

public class mysqltest2 {
    public static void main(String[] args) {
        Connection con = null;
        Statement sta = null;
        try{
            Class.forName("com.mysql.jdbc.Driver");
        }catch(ClassNotFoundException e){e.printStackTrace();}

        try{
            con = DriverManager.getConnection("jdbc:mysql://localhost:
3306/mldn","root","mysql");
            sta = con.createStatement();
            String sql1 = "insert into user(username,password) values('aaa',
'bbb')";

            String sql2 = "update user set password = 'aaa' where username
= 'a'";

            String sql3 = "delete from user where username = 'aaa'";

            sta.executeUpdate(sql1);
```

```
        sta.executeUpdate(sql2);
        sta.executeUpdate(sql3);
    }catch(SQLException e){e.printStackTrace();}
    finally{
        try{
            if(sta!= null)
                sta.close();
            if(con!= null)
                con.close();

        }catch(SQLException e){e.printStackTrace();}
    }
}
```

9.4 本 章 小 结

本章介绍了 Java 访问数据库的 JDBC 技术。首先介绍了 JDBC 的框架结构，然后通过具体实例详细说明了 JDBC 常用类和接口的功能与使用，包括 Driver 接口、DriverManager 类、Connection 接口、Statement 接口、PreparedStatement 接口和 ResuhSet 接口等。此外，还对 JDBC 和 ODBC 进行了简单比较。Java 中有 4 种不同类型的 JDBC 驱动程序，在 JDBC API 中定义了一组用于数据库通信的接口和类，这些接口和类位于 java.sql 包中。一般的，需要借助于类及接口来实现 JDBC 访问数据库的操作。

需要说明的是，Java 的 JDBC 架构很好地体现了面向对象的特性。例如，除极少数类外，JDBC API 大量使用接口来规定数据访问的规则，以便约束各厂家提供的特定数据库 JDBC 驱动程序的动作，统一访问数据库的操作。

练 习 题

(1) 简述 JDBC 的常用类和接口，并说明 JDBC 中的接口是由谁来实现的。
(2) JDBC 驱动程序包括什么类型？它们分别是什么？
(3) Statement 和 PreparedStatement 接口在使用上有何异同？它们之间的关系是什么？
(4) 使用 JDBC 访问数据库的步骤包括哪些？
(5) 简述使用 JDBC 检索、修改数据库的步骤。

第 10 章　Web 应用程序开发基本知识

Java Web 开发也就是基于 B/S 结构的 Java 应用程序开发。本章将介绍 Java Web 开发的基本知识。

10.1　Web 应用程序的运行原理

在目前的 Web 应用程序开发中，客户端只需一个浏览器即可。这个浏览器在每个操作系统中都是自带的，软件开发人员只需专注开发服务器端的功能，无须考虑客户端软件的开发，用户通过浏览器就可以访问服务器提供的服务。这种开发模式就是当前流行的 B/S 架构。这种架构是目前 Web 应用程序的主要开发模式，如各大门户网站、各种 Web 信息管理系统等。使用 B/S 架构加快了 Web 应用程序开发的速度，提高了开发效率。

10.2　Web 服务器汇总

在 B/S 架构的开发模式中，客户端就是简单的浏览器程序，可以通过 HTTP 协议访问服务器端的应用，在服务器端，与通信相关的处理都由服务器软件负责，这些服务器软件都由第三方软件厂商提供。开发人员只需把功能代码部署在 Web 服务器中，客户端就可以通过浏览器访问到这些功能代码，从而实现向客户提供服务。下面简单介绍 B/S 结构中常用的服务器。

（1）IIS 服务器是微软提供的一种 Web 服务器，提供对 ASP 语言的良好支持，通过安装插件，也可以提供对 PHP 语言的支持。

（2）Apache 服务器是由 Apache 基金组织提供的一种 Web 服务器，其特点是处理静态页面的效率非常高。

（3）Tomcat 服务器也是 Apache 基金组织提供的一种 Web 服务器，提供对 JSP 和 Servlet 的支持。通过安装插件，同样可以提供对 PHP 语言的支持，但是 Tomcat 只是一个轻量级的 Java Web 容器，像 EJB 这样的服务在 Tomcat 中是不能运行的。

（4）JBoss 服务器是一个开源的重量级的 Java Web 服务器。在 JBoss 中，提供对 J2EE 各种规范的良好支持。

另外，Java Web 的服务器还有 BEA 的 Weblogic 和 IBM 的 WebSpher 等，这些产品的性能都非常优秀，可以提供对 Java Web 的良好支持。用户可以根据自己的需要选择合适的服务器产品。

10.3 Web 应用程序开发

随着网络技术的进步，Web 应用程序开发的技术也在不断进步。在 Web 应用程序的开发过程中，存在着不少争议。当然，这些争议都是因开发人员对各种技术的看法不同造成的。接下来将简单介绍这方面的内容，使读者对网络技术发展过程中的一些问题有所了解。

10.3.1 C/S 与 B/S 架构

在前面的章节中已经介绍过，在 Web 应用程序的开发中，存在两种开发模式，一种是传统的 C/S 架构，另一种是近些年兴起的 B/S 架构。

由于硬件成本降低，加之应用系统复杂程度提高，Web 应用程序的开发逐渐转向 C/S 架构。所谓 C/S 架构，就是客户端/服务器端的架构形式。在这种架构方式中，多个客户端围绕着一个或者多个服务器，这些客户端安装在客户机上，负责用户业务逻辑的处理，服务器端仅仅对重要的过程和数据库进行处理和存储，每个服务器端都分担着服务器的压力。这些客户端可以根据不同用户的需求进行定制。C/S 架构方式的出现大大提高了 Web 应用程序的效率，给软件开发带来了革命性飞跃。

但是，随着时间的推移，C/S 架构的弊端开始慢慢显现。在 C/S 架构中，系统部署时需要在每个客户机上安装客户端，这样的处理方式带来了很大的工作量，而且在 C/S 架构中，软件的升级也很麻烦，哪怕是再小的一处改动，都需修改更新所有的客户端。这些致命的弱点决定了 C/S 结构的命运。在 C/S 架构模式流行一段时间以后，逐渐被另一种 Web 应用系统的架构方式所代替。这种新的 Web 软件架构模式就是 B/S 架构。

B/S 架构就是浏览器/服务器的架构形式。在这种架构方式中，采取了基于浏览器的策略，简化了客户端的开发工作。在 B/S 架构的客户机中，不用安装客户端软件，只要有通用的浏览器工具，就可以访问服务器端提供的服务。在各种操作系统中，都提供了浏览器工具，这些浏览器工具都遵循相同的协议规范，所以 B/S 结构的客户端在各种系统环境中都能实现。而且，在浏览器访问服务器的过程中，使用的是 HTTP 协议，所以这种方式非常容易穿过防火墙的限制。

此外，在 B/S 结构的服务器端，也不用处理通信相关的问题。这些问题都由 Web 服务器提供，Web 服务器处理用户的 HTTP 请求，开发人员只需专注开发业务逻辑功能即可。总之，Web 服务器完成了底层的操作，给应用软件开发提供了基础的通信服务，从而减轻了开发人员重复开发通信相关功能的工作量，提高了开发效率，降低了 B/S 结构应用程序的开发难度。

使用 B/S 架构，不仅减轻了开发者的工作量，而且软件的部署和升级维护也变得非常简单，只需把开发的 Web 应用程序部署在 Web 服务器中即可，而客户端根本不需要做任何改动，这是在 C/S 架构中无法实现的。

但是 B/S 架构也有一些缺点，如界面元素单调。在 B/S 结构的程序中，失去了桌面应用程序丰富的用户界面，程序在交互性上没有 C/S 架构那么人性化。在 C/S 和 B/S 两种架构之间，并没有严格的界限，两种架构没有好坏之分，使用这两种架构都可以实现系统的功能。开发人员可以根据实际需要进行选择。如需要丰富的用户体验，那就选择 C/S 架构。在目前的网络游戏开发中，基本都是选择 C/S 架构。如果偏重功能服务方面的实现，就需要选择 B/S 架构，这也正是目前绝大部分管理应用系统采用的软件架构方法。

10.3.2　动态页面语言对比

在互联网发展的最初阶段，所有网页内容都是静态的 HTML 网页。在这种情况下，网站所能实现的仅仅是静态的信息展示，而不能与客户产生互动。在现实生活中，用户的需要总是各种各样的，这就需要网站或者是 Web 应用程序具有收集并处理响应用户需要的功能，而静态的 HTML 是不能满足这种需要的。为了满足这种需要，就有了后来一系列的动态页面语言的出现。

所谓的动态页面是指可以和用户产生交互，能根据用户的输入信息产生对应的响应。能满足这种需求的语言就可以称为动态语言。

最初，动态网页技术主要使用 CGI，现在常用的动态网页技术还有 ASP、JSP、PHP 等。

1. CGI

在互联网发展的早期，动态网页技术主要使用共用网关接口（common gateway interface，CGI）。CGI 程序用于解释处理表单中的输入信息，并在服务器中产生对应的操作处理，或者是把处理结果返回给客户端的浏览器，从而可以给静态的 HTML 网页添加上动态功能。但是由于 CGI 程序的编程比较困难、效率低下，而且修改维护也比较复杂，所以在一段时间后，CGI 逐渐被新的动态网页技术所替代。

2. ASP

ASP（active server pages）是微软公司推出的一种动态网页语言，它可以将用户的 HTTP 请求传入 ASP 的解释器中，这个解释器对 ASP 脚本进行分析和执行，然后从服务器中返回处理的结果，从而实现与用户交互的功能。ASP 的语法比较简单，对编程基础没有很高的要求，很容易上手。而且微软提供的开发环境的功能十分强大，这更是降低了 ASP 程序开发的难度。但是 ASP 也有一定缺点。ASP 在本质上还是一种脚本语言，除了使用大量的组件，没有其他办法提高效率，而且它只能运行在 Windows 环境中，这样 Windows 自身的一些限制就制约了 ASP 的发挥。这些都是使用 ASP 无法回避的弊端。

3. JSP

JSP（java server pages）是 Sun 公司开发的一种服务器端的脚本语言。自 1999 年推出以来，逐步发展为开发 Web 应用的一项重要技术。JSP 可以嵌套在 HTML 中，而且支持多个操作系统平台，一个用 JSP 开发的 Web 应用系统，不需要做任何改动就可以在不同的操作系统中运行。

JSP 本质上就是把 Java 代码嵌套到 HTML 中，然后经过 JSP 容器的编译执行，可以根据这些动态代码的运行结果生成对应的 HTML 代码，从而可以在客户端的浏览器中正常显示。

由于 JSP 使用的是 Java 的语法，所以 Java 语言的所有优势都可以在 JSP 中体现，尤其是 J2EE 中的强大功能，更是成为 JSP 语言发展的强大后盾。

4. PHP

与 JSP 类似，PHP(page hypertext preprocessor) 也可以嵌套到 HTML 中；不同之处在于，PHP 的语法比较独特，其中包括了 C、Java 等多种语法中的优秀部分，而且 PHP 网页的执行速度要比 CGI 和 ASP 等语言的快很多。在 PHP 中，提供了对常见数据库的支持，如 SQL Server、MySQL、Oracle、Sybase 等。这种内置的方法使 PHP 中的数据库操作变得非常简单。而且 PHP 程序可以在 IIS 和 Apache 中运行，提供对多种操作系统平台的支持。

但是 PHP 也存在一些劣势，PHP 开发运行环境的配置比较复杂，而且 PHP 是开源产品，缺乏正规的商业支持。这些因素在一定程度上限制了 PHP 的进一步发展。

总之，各种动态语言都有着自身的优势和劣势，需根据客户的需求来选择具体的语言。只要能够保证系统的性能和功能，选择什么语言是无关紧要的。

10.4 本 章 小 结

本章对 Java Web 开发中的一些基本知识进行了简单介绍。读者通过本章的学习，可以了解开发 Java Web 应用程序的一些基本概念。

第 11 章 JSP 基础知识

JSP 完全以 Java 语言开发，是纯 Java 的应用。JSP 经服务器转换后与一般的 Java 类完全相同，而这一特性也使 JSP 具有 Java 的所有优势，如面向对象、简单性、跨平台等。J2EE 提供了良好的框架和指南，在此标准中开发程序层次更加清楚、开发更有效率，产品的可用性、可移植性更好。本章将详细介绍 JSP 的工作原理和如何使用 JSP。

11.1 环 境 准 备

本节主要介绍如何安装一个 JSP 运行环境，包括安装运行 JSP 的服务器 Tomcat 以及安装开发工具 MyEclipse。

11.1.1 安装 Tomcat

Tomcat 是一个免费并且开源的 JSP 服务器，它是 Apache 软件基金会 Jakarta 项目中的一个核心项目，由 Apache、Sun 和其他一些公司及个人共同开发而成。Tomcat 因技术先进、性能稳定、简单易用，成为目前应用最广泛的 JSP 服务器。本书所有例子都以 Tomcat 作为 JSP 服务器。

安装 Tomcat 前，需安装 JDK 和 JRE，安装步骤参见 1.2.4。

（1）从 Apache 网站（地址：http://tomcat.apache.org/download-60.cgi）下载 Tomcat，其当前最新的版本是 9.0，本书选用的版本为 7.0。

（2）下载后选择一个可执行的安装文件 apache-tomcat-7.0.75，双击运行，按照提示安装。把图 11-1 中的 Examples 选项选中，即安装 Tomcat 自带的例子程序。

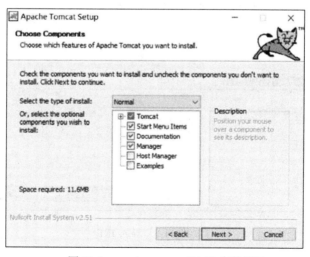

图 11-1 apache-tomcat-7.0.75 安装目录

（3）设置 Tomcat 使用的端口，以及 Web 管理界面的用户名和密码，确保该端口未被其他程序占用（图 11-2）。

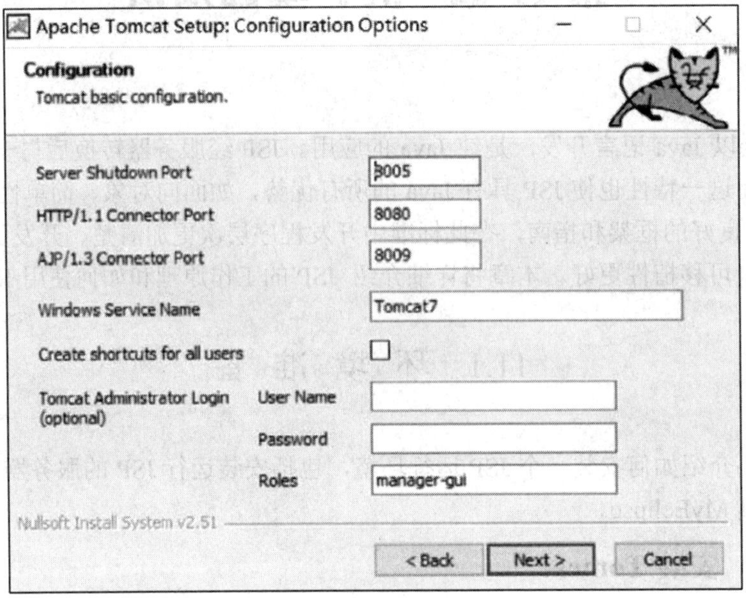

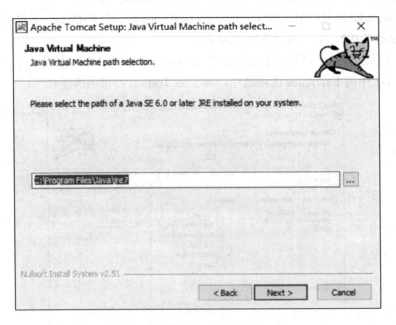

图 11-2　Tomcat 端口设置

（4）选择 JRE 的安装路径，安装程序会自动搜索。如果没有正确显示，则可以手动修改。按以上安装步骤，这里应该是"C:\Program Files\Java\jre7"（图 11-3）。

图 11-3　导入 JRE

(5)更改安装路径，如图 11-4 所示，为了方便将来在 Tomcat 中部署应用程序，可选择比较浅的路径安装。

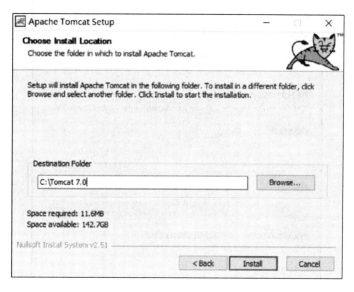

图 11-4　设置 Tomcat 安装路径

(6)拷贝文件。成功安装后，可以通过服务查看 Tomcat 的启动状态和配置情况。查看步骤为：选中我的电脑，点击鼠标右键，选择管理，进入服务查看界面，选择服务(图 11-5)。在右边的服务列表中，双击名为 Apache Tomcat 7.0 的服务，可查看 Tomcat 服务器的状态和配置情况，确保 Tomcat 服务状态为启动(图 11-6)。

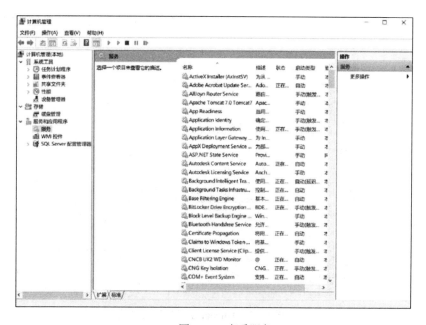

图 11-5　查看服务

图 11-6　查看 Tomcat 服务器状态

（7）至此安装与配置都已完成。打开浏览器输入"http://localhost:8080"，即可看到 Tomcat 的相关信息（图 11-7）。

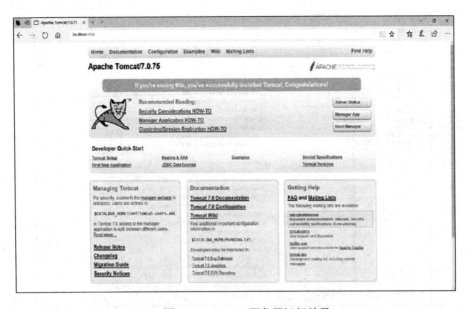

图 11-7　Tomcat 服务器运行效果

11.1.2　安装 MyEclipse

Eclipse 是一种可扩展的开放源代码的集成开发环境，是一款非常受欢迎的 Java 开发工具，使用它的开发人员是最多的。Eclipse 的最大特点是它能接受各种开放源代码插件。而 MyEclipse 是对 Eclipse 的扩展，集成了很多常用的经典插件，支持 HTML、Struts、JSF、CSS、JavaScript、SQL 和 Hibernate。利用它可以极大地提高工作效率。

MyEclipse 最新版本为 MyEclipse 2017 版，本书选用的是 MyEclipse 2014 版。下载安装后界面如图 11-8 所示。

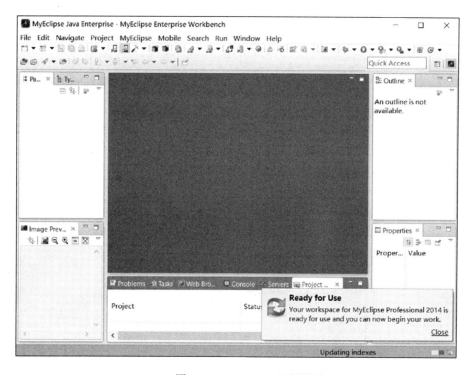

图 11-8　MyEclipse 运行界面

11.1.3　配置 MyEclipse

由于 Java Web 需要 Tomcat 才能运行，所以需要在 MyEclipse 中配置 Tomcat 服务器。在 MyEclipse 中有两种常用的 Tomcat 配置方式：第一种是使用 MyEclipse 自带的 Tomcat 服务器，第二种是使用外部安装的 Tomcat 服务器。为了让大家更好地学习 Tomcat 服务器的使用，本书选用第二种方式，配置步骤如下。

（1）点击 MyEclipse 工具栏上的 Windows，选择最下面的 Preferences，进入 Preferences 设置界面（图 11-9）。

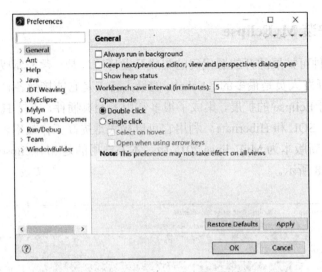

图 11-9　MyEclipse 设置界面

　　(2) 点开左边目录中的 MyEclipse，再点开 MyEclipse 目录下的 Servers 目录，找到 Tomcat，进入配置界面，选择之前安装的 Tomcat 版本，在右边选择 Enable，并选择 Tomcat 的安装路径，如图 11-10 所示。

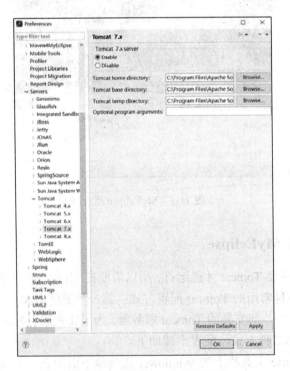

图 11-10　Tomcat 配置界面

　　(3) 点开配置好的 Tomcat，选择 JDK，点击 ADD 按钮，进入 JDK 配置界面(图 11-11)。

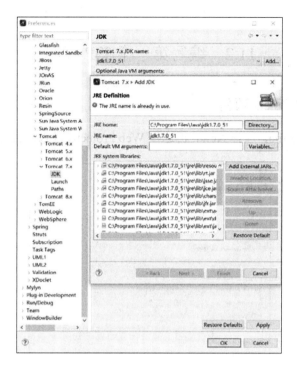

图 11-11　JDK 配置界面

（4）点开左边的 Java 目录，找到 Installed JREs，选择刚配置的 JDK，如图 11-12 所示。至此外部安装的 Tomcat 就成功配置到了 MyEclipse 中。

图 11-12　JRE 配置界面

11.2 编写第一个 JSP 程序

11.2.1 建立 Web 项目

点击工具栏上的 file，选择 New，再选择 Web Project，进入项目配置界面（图 11-13）。

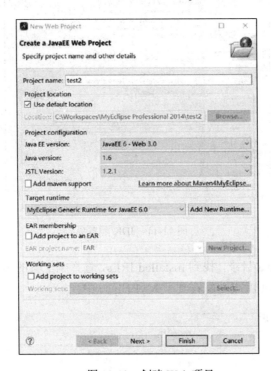

图 11-13 创建 Web 项目

输入项目名称后，点击 Next，勾选生成 index.jsp 和 web.xml 选项，如图 11-14 所示。

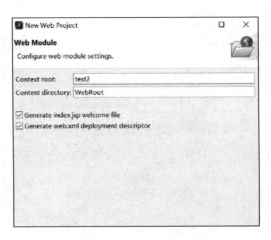

图 11-14 设置 Web 项目文件

点击 Finish，完成后如图 11-15 所示。

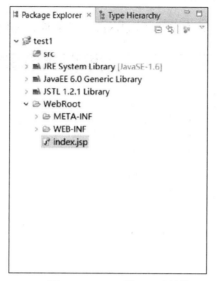

图 11-15　JSP 项目目录结构

11.2.2　JSP 目录结构

由于 Java Web 需要 Tomcat 服务器才能运行，因此需要先了解 Tomcat7.0 的目录结构(表 11-1)。

表 11-1　Tomcat 7.0 目录结构

目录	描述
/bin	存放在 Windows 平台以及 Linux 平台上启动和关闭 Tomcat 的脚本文件
/conf	存放 Tomcat 服务器的各种配置文件，其中最重要的配置文件是 server.xml
/lib	存放 Tomcat 服务器所需的各种 JAR 文件
/temp	存放 Tomcat 产生的临时文件
/logs	存放 Tomcat 的日志文件
/webapps	当发布 Web 应用时，默认情况下把 Web 应用文件放于此目录下
/work	Tomcat 把由 JSP 生成的 Servlet 放于此目录下

Web 应用具有固定的目录结构，这里假定正在开发的 Web 应用名为"jsp_example"。首先，应该在/webapps 目录下创建这个 Web 应用的目录结构，参见表 11-2。

表 11-2　Web 应用的目录结构

目录	描述
/jsp_example	Web 应用的根目录，所有的 JSP 和 HTML 文件都存放于此目录下
/jsp_example/WEB-INF	存放 Web 应用的发布描述文件 web.xml 和自定义标签文件*.tld
/jsp_example/WEB-INF/classes	存放各种 class 文件，Servlet 类文件也放于此目录下
/jsp_example/WEB-INF/lib	存放 Web 应用所需的各种 JAR 文件

11.2.3 解读 web.xml

在/WEB-INF/lib 目录下存有名为"web.xml"的文件，如图 11-16 所示。

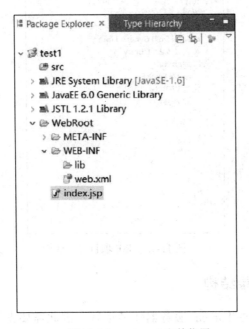

图 11-16 web.xml 文件位置

该文件描述了 Web 项目的发布信息，使用 text editor 打开后可以看到里面的代码（图 11-17）。

```xml
<?xml version="1.0" encoding="UTF-8"?>
<web-app xmlns:xsi="http://www.w3.org/2001/XMLSchema-instance" xmlns="http://java.sun.com/xml/ns/javaee" xsi:schemaLocat
    <display-name>test1</display-name>
    <welcome-file-list>
        <welcome-file>index.html</welcome-file>
        <welcome-file>index.htm</welcome-file>
        <welcome-file>index.jsp</welcome-file>
        <welcome-file>default.html</welcome-file>
        <welcome-file>default.htm</welcome-file>
        <welcome-file>default.jsp</welcome-file>
    </welcome-file-list>
</web-app>
```

图 11-17 web.xml 文件内容

图中代码的标签<welcome-file-list>为文件清单，指的是初始页面为 index.jsp。

11.2.4 编写 JSP 页面

双击 index.jsp，进入 JSP 页面（图 11-18）。

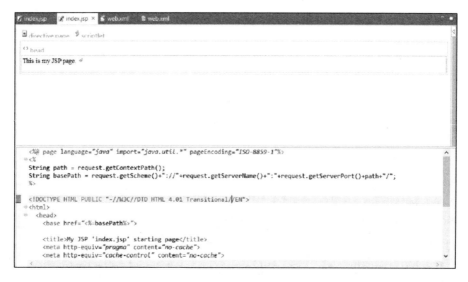

图 11-18　JSP 页面

图中上半部分为 JSP 页面预览效果，下半部分为 JSP 页面代码，将代码中的"This is my JSP page"替换为"Hello Word! This is my first JSP page！"，预览效果如图 11-19 所示。

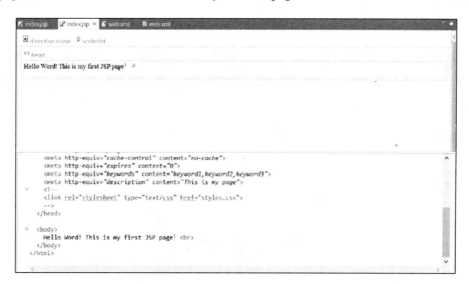

图 11-19　JSP 页面预览效果

11.2.5　发布 Web 项目

选中 Web 项目名，点击鼠标右键，选择 Run as，再选择第 3 项 MyEclipse Sever Application，即可将该 Web 项目发布到 Tomcat 服务器下，如图 11-20 所示。

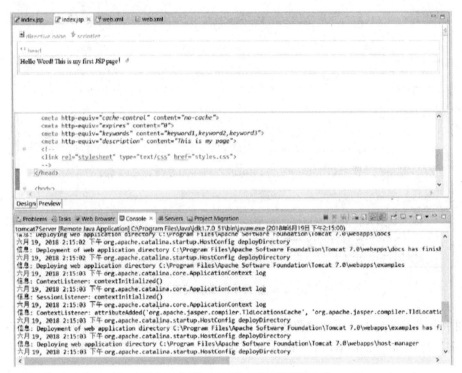

图 11-20　运行 Web 项目

图的最下方窗口为项目发布和 Tomcat 服务器启动的情况，如果出现错误，会给出相应的提示。发布完成后，在浏览器中输入"http://localhost:8080/test1/"，可以查看该项目（图 11-21）。

Hello Word! This is my first JSP page!

图 11-21　通过 Tomcat 服务器访问 Web 项目

11.3　JSP　语　法

JSP 网页主要分为脚本与网页数据两部分。网页数据就是 JSP 服务器不处理的部分，如 HTML 的内容会直接送到客户端执行。脚本是必须经由 JSP 服务器处理的部分，而大部分脚本都以 XML 作为语法基础，并且大小写必须一致。脚本有 4 种类型：编译指令、JSP 脚本、动作标签和表达式语言（expression language，EL）。其中表达式语言是 JSP 2.0 新增的功能。

11.3.1　JSP 注释

注释一般可分为两种：一种是在客户端显示的注释；另一种是客户端看不到，只给开发程序员专用的注释。

1. 客户端可以看到的注释

客户端可以看到的注释以"<!--"开始、以"-->"结尾，如：

```
<!--comment [ <%= expression %> ]-->
```

这种注释的方式和 HTML 中的注释类似，可以使用"查看源代码"查看这些程序代码，但是与 HTML 注释唯一不同的是，JSP 注释可以在注释中加上动态的表达式。

```
<!--现在时间为：<%= (new java.util.Date()).toLocaleString() %> -->
```

在客户端的 HTML 源文件中显示为：

```
<!--现在时间为：January 1, 2004 -->
```

2. 开发程序员专用的注释

开发程序员专用的注释以"<%--"开始、以"--%>"结尾，如：

```
<%--comment --%>
```

JSP 服务器不会对<%----%>之间的语句进行编译，它不会显示在客户端的浏览器 上，也无法从源文件中看到。

```
01      <html>
02         <body>
03            <!--嵌入 JSP 代码-->
04            <%
05               for (int i = 3; i < 5; i++) {
06            %>
07            <font size=<%=i%>> <strong>读者，您好!</strong>
08            </font>
09            <!--嵌入 JSP 代码-->
10            <%
11               }
12            %>
13            <%--这里所在的语句不会被编译，客户端的源文件中也不会出现
14            --%>
```

```
                    </body>
                </html>
```

上述代码中第 3 行为客户端可以看到的注释，第 12 行为程序员专用的注释。

11.3.2 JSP 声明

在 JSP 中声明变量或者函数，是以 "<%!" 开始、以 "--%>" 结尾，如：

```
01      <html>
02          <head>
03          </head>
04          <body>
05              <!--JSP 中声明变量-->
06              <%!int i = 0;%>
07              <%!int e, f, d;%>
08              <%!Object a = new
09              Object();%>
10              <%!public String f(int i) { if (i<3)<!--定义了一个名为 f 的函
                数-->
11                  return "i 小于 3";
12              else
13                  return "i 大于等于 3";
14              }%>
15          </body>
16      </html>
```

上述代码中第 6 行声明了一个整数变量 i，在第 7 行声明了三个整型变量 e、f 和 d，在第 9 行声明了一个函数 f。程序中用到的变量和方法，都必须以这种方式来声明，可以一次性声明多个变量和方法，只要以 ";" 结尾就行。可以直接使用在<% @ page %>中被包含进来的已经声明的变量和方法，不需要重新对它们进行声明，一个声明仅在一个页面中有效。如果要在每个页面都用到一些声明，最好把它们写成一个单独的文件，然后用<%@include %>指令包含进来。

11.3.3 JSP 表达式

JSP 表达式是以 "<%=" 开始、以 "%>" 结尾，其中间内容包含一段合法的表达式，如：

```
<%= expression %>
```

　　表达式元素表示的是一个在脚本语言中被定义的表达式，在运行后被自动转化为字符串，然后插入这个表达式在 JSP 文件的位置显示，有时表达式也能作为其他 JSP 元素的属性值。一个表达式能够变得很复杂，它可能由一个或多个表达式组成。无论这个表达式有多复杂，其必须是 Java 语言合法的表达式。这些表达式的顺序是从左至右，最终的结果是一个字符串。

　　JSP 脚本又称为 scriptlet，包含一个有效的程序段，以"<%"开始、以"%>"结尾，如：

```
<body>
    <!--嵌入 JSP 代码-->
    <%for(int i=3,i<5,i++){%>// jsp 脚本
    <font size=<%=i%>> <strong>读者，您好!</strong> </font>
    <%}%>// jsp 脚本
    <%--这里所在的语句不会被编译，客户端的源文件中也不会出现--%>
</body>
```

　　一个 JSP 脚本能够包含多个 Java 语句、方法、变量、表达式，可以声明将要用到的变量或方法，也可以使用任何 JSP 内置对象和 JSP 标签<jsp:useBean>声明过的对象。JSP 脚本是在网页中嵌入 Java 程序的部分，语句必须遵从 Java 语言的语法，而且任何文本、HTML 标记、JSP 元素必须在脚本之外。

11.4　编译指令和动作标签

　　编译指令主要用于为 JSP 网页提供相关信息和设定相关属性，如网页的编码方式、语法、信息等。起始符号为"<%@"，终止符号为"%>"，中间部分就是一些指令和一连串的属性设定。JSP 有 3 个编译指令：page、include 和 taglib。

　　动作标签又称为动作元素、动作指令，也可以理解为 JSP 自带的标准标签库。动作标签利用 XML 语法格式的标记来控制 JSP 服务器的行为。利用动作标签可以动态地插入文件、重用 JavaBean 组件、把用户重定向到另外的页面、为 Java 插件生成 HTML 代码。动作标签的起始符号为<jsp:xxx>、终止符号为</jsp:xxx>。

11.4.1　JSP 指令

1. 使用 page 指令

　　page 指令是最复杂的编译指令，它的主要功能是设定整个 JSP 网页的属性和相关功能。page 指令的基本语法如下：

　　　　<%@ page attribute1="value1" attribute2= "value2" attribute3=...%>

　　例如：

```
<%@ page import="java.util.* java.lang.*" %>
<%@ page buffer="5kb" autoFlush="false" %>
<%@ page errorPage="error.jsp" %>
```

page 指令有 13 个属性，详见表 11-3。

表 11-3　page 指令属性

属性	定义	默认值
language ="scriptingLanguage"	指定 JSP 服务器要用什么语言来编译 JSP 网页	目前只支持 Java 语言
extends="className"	定义此 JSP 网页产生的 Servlet 继承自哪个父类	—
import="importList"	定义此 JSP 网页可以使用哪些 Java API	—
session = "true|false"	决定此 JSP 网页是否可以使用 session 对象	true
Buffer="none|size inkb"	决定输出流(output stream)是否有缓冲区	8kB
autoFlush="true|false"	决定输出流的缓冲区是否要自动清除，缓冲区满后会产生异常 (exception)	true
isThreadSafe="true|false"	告诉 JSP 服务器，此 JSP 网页能处理超过一个以上的请求	true
Info="text"	表示此 JSP 网页的相关信息	—
errorPage="error_url"	表示如果发生异常错误时，网页会被重新指向哪一个 URL	—
isErrorPage="true|false	表示此 JSP Page 是否为处理异常错误的网页	false
contentType="ctinfo"	表示 MIME 类型和 JSP 网页的编码方式	—
pageEncoding="ctinfo"	表示 JSP 网页的编码方式	—
isELIgnored="true|false"	表示在此 JSP 网页中是否忽略 EL 表达式	false

可以把 page 指令放在 JSP 文件的任意位置，它的作用范围始终是整个 JSP 页面。为了提高 JSP 程序的可读性，以及养成好的编程习惯，最好把它放在 JSP 文件的顶部。可以在一个页面中用多个<%@page%>指令，但是其中的属性只能用一次。不过也有例外，那就是 import 属性，这和 Java 中的 import 非常类似，可以使用多个 import 来引入类，它也是最常用的属性。

2. include 指令

include 指令是在 JSP 中包含一个静态的文件,同时解析这个文件中的 JSP 语句。include 指令只有一个参数，就是要插入文件的相对路径。语法如下：

<%@ include file="relativeURL" %>

include 指令将会在 JSP 编译时插入一个包含文本或代码的文件，当使用 include 指令时，这个包含的过程是静态的。也可以理解为不管插入的文件内容是什么，简单地把其中所有的内容拷贝过来合并成一个新文件，然后提交给 JSP 服务器做接下来的工作。由此可以看出,如果两个文件中有重复的 Java 变量或函数定义,那么合并之后编译令出错,HTML 的标签也同样会相互影响,要避免片段文件中有<html><body>之类的全局标签出现。

这里提到的静态文件是指引入文件名不能是一个变量，只能是一个静态的字符串。如果这个片段文件被改变，那么包含此文件的 JSP 文件将被重新编译，因为是先插入再整体编译，片段改变相当于整个合并后的 JSP 改变了，当然需要重新编译。

11.4.2 JSP 动作标签

1. jsp:forward 动作标签

forward 动作把请求转到另外的页面。<jsp:forward>动作标签只有一个属性 page。page 属性包含的是一个相对 URL。page 的值既可以直接给出，也可以在请求的时候动态计算。例如：

```
<jsp:forward page="/utils/errorReporter.jsp" />
<jsp:forward page="<%=someJavaExpression%>" />
```

2. JSP:include 动作标签

<jsp:include>动作标签把指定文件插入正在生成的页面。其参数见表 11-4，语法如下：

<jsp:include page="relative URL" flush="true" />

表 11-4   <jsp:include>标签参数表

属性	定义	默认值
uri = "tagLibraryURI"	说明 taglibrary 的存放位置	—
flush="true|false"	若为 true，缓冲区满时，将会被清空	false

所谓动态插入，相对于静态 include 指令，它是在 JSP 文件被转换成 Servlet 时引入文件，而这里的<jsp:include>动作不同，插入文件的时间是在页面被请求的时候。这里被插入的文件是一个完整的 JSP 文件而非片段，把两个 JSP 输出到客户端的结果结合在一起，它们分别被 JSP 服务器转化为两个不同的 Java 类，因此不存在变量定义方面的冲突。用<jsp:include>标签引入文件的效率相对较低，而且被引用文件不能包含某些 JSP 代码（如不能设置 HTTP 头），但它的灵活性要好得多。

与静态插入不同，动态插入的文件可以是一个变量或者表达式。如果这个片段文件被改变，那么只是这个文件本身重新编译而包含此文件的 JSP 文件不会被重新编译。

3. 其他动作标签

<jsp:plugin>标签可以根据浏览器的类型，插入通过 Java 插件运行 Java Applet 所必需的 OBJECT 或 EMBED 元素。当 JSP 网页被编译后送往浏览器执行时，<jsp:plugin> 将会根据浏览器的版本替换成<object>标签或者<embed>标签。一般的，<jsp:plugin>会指定对象 Applet 或 Bean，同样也会指定类的名字和位置，另外还会指定将从哪里下载这个 Java 组件。

<jsp:fallback>：当不能启动 Applet 或 Bean 时，浏览器会显示一段错误信息。

<jsp:params>用来提供 key/value 的信息，也可以与<jsp:include>、<jsp:forward>和<jsp:plugin>一起搭配使用。

实例 11-7 展示了这 3 个标签的用法。

【**实例 11-7**】<jsp:plugin>标签示例 pluginTag.jsp。

```
01    <jsp:plugin type="applet"code="Molecule.class"codebase="/html">
02        <jsp:params>
03            <jsp:param name="molecule" value="molecules/benzene.mol"/>
04        </jsp:params>
05        <jsp:fallback>
06            <p>Unable to start plugin</p>
07        </jsp:fallback>
08    </jsp:plugin>
```

上面代码中首先在第 2～4 行间创建了一个名为 molecule 的参数，然后在第 5～7 行间通过标签<jsp:fallback>显示出错时的内容。

11.5　JSP 的内置对象

内置对象也称内建对象、隐含对象，是不需要声明的、直接可以在 JSP 中使用的 Java 对象。JSP 基于 Java 语言，面向对象也是它的一大特色。JSP 的内置对象就是把最常用、最重要的几个对象直接创建然后内置，用户无须再显式地用代码声明。用好 JSP 内置对象是 JSP 编程的精髓。

JSP 有 9 个内置对象: request、response、out、pageContext、session、application、config、page 和 exception。本节将分别讲述如何使用这些对象。

11.5.1　request 对象

request 是最常用的内置对象，表示 javax.servlet.http.HttpServletRequest 对象。request 对象包含所有请求的信息，如请求的来源、标头、cookies 和请求相关的参数值等。比较常用的方法如下。

(1) Object getAttribute (String name): 返回由 name 指定的属性值，该属性不存在时返回 null。

(2) void setAttribute (String name, Object value): 在属性列表中添加/删除指定的属性。

(3) String getParameter (String name): 获取客户端发送给服务器端的参数值。

(4) String[] getParameterValues (String name): 获得请求中指定参数的所有值。

(5) String getProtocol (): 返回请求使用的协议，可以是 HTTP1.1 或者 HTTP1.0。

(6) String RequestURI (): 返回发出请求的客户端地址，但不包括请求的参数字符串。

(7) String getRemoteAddr (): 获取发出请求的客户端 IP 地址。

(8) HttpSession getSession (): 获取 session。

11.5.2　response 对象

response 表示 HttpServletResponse 对象，并提供了几个用于设置返回浏览器响应的方法。比较常见的方法如下。

(1) sendRedirect (URL)：可以将用户重定向到一个不同的页面 (URL)。

(2) setContentType (String type)：响应设置内容类型头。

(3) addHeader (String name,String value)：添加 String 类型的值到 HTTP 文件头。

需指出的是，response 的 sendRedirect 方法是转到另一个网页，JSP 动作标签<forward>也是网页跳转。两者区别如下：一是，forward 重定向是在容器内部实现同一个 Web 应用程序的重定向，所以 forward 方法只能重定向到同一个 Web 应用程序中的一个资源，重定向后浏览器地址栏 URL 不变，而 sendRedirect 方法可以重定向到任何 URL。因为这种方法是修改 HTTP 头来实现的，URL 没什么限制，重定向后浏览器地址栏 URL 改变。二是，forward 重定向将原始的 HTTP 请求对象 (request) 从一个 Servlet 实例传递到另一个实例，而采用 sendRedirect 方式的两者不是同一个 request，forward 转移时会把前面的请求参数也都带上，而 sendRedirect 方式则不能。

11.5.3　session 对象

session 表示一个请求的 javax.servlet.http.HttpSession 对象。session 可以存储用户的状态信息。session 在第一个 JSP 页面被装载时自动创建，完成会话期管理。从一个客户打开浏览器并连接到服务器开始，到客户关闭浏览器离开这个服务器结束，被称为一个会话。当一个客户访问一个服务器时，可能会在这个服务器的几个页面之间反复连接，反复刷新一个页面，服务器应当通过某种办法 (如 cookie) 知道这是同一个客户，这就需要 session 对象。

session 对象的常用方法如下。

(1) public String getId()：获取 session 对象编号。

(2) public void setAttribute (String key, Object obj)：将参数 Object 指定的对象 obj 添加到 session 对象中，并为添加的对象指定一个索引关键字。

(3) public Object getAttribute (String key)：获取 session 对象中含有关键字的对象。

(4) public Boolean isNew ()：判断是否是一个新的客户。

下面的实例展示了利用 session 对象计算当前用户是第几个访问此网站的用户。

```
session 对象示例 sessionUser.jsp
01      <%@ page contentType="text/html;charset=GB2312"%>
02      <%!int number = 0;                          <!--关于用户访问的数量-->
03      synchronized void countPeople()
04          { number++;
05          }
06      %>
07      <%
```

```
08              if    (session.isNew())
09              { countPeople();
10              String str = String.valueOf(number);
11              session.setAttribute("count", str);
12              }
13        %>
14        <html>
15            <body>
16                <p>                       <!--关于显示用户访问的数量-->
17                    您是第<%=(String) session.getAttribute("count")%>个
访问本站的人。
18            </body>
19        </html>
```

上面代码中首先在第 2～6 行代码间定义了表示访问该网站人数的变量和实现计算访问量的方法 countPeople()；接着在第 7～13 行代码间利用 JSP 脚本实现每当创建一个 session 对象就调用 countPeople() 方法，然后把该方法修改后的变量 number 值存储到 session 对象中；最后在第 17 行通过脚本获取 session 对象中属性 count 的值。

11.5.4　application 对象和 pageContext 对象

服务器启动后就产生了 application 对象，当客户在所访问网站的各个页面之间浏览时，这个 application 对象都是同一个，即在一个应用中 application 对象是一个全局的 Map。

pageContext 与 application 对象类似，由 setAttribute() 和 getAttribute() 方法来保存对象，只是它的范围仅限于本网页内。

这里提到 JSP 的范围(scope)分别为 Page、Request、Session、Application。这 4 个范围分别由 pageContext、request、session、application 4 个内置对象来保存对象，方法名都是 setAttribute() 和 getAttribute()。范围的概念十分重要，很多配置都有范围这一属性。

(1) Page 指的是单单一页 JSP Page 的范围。

(2) Request 的范围是指在 JSP 网页发出请求到另一个 JSP 网页之间，随后这个属性就失效。设定 Request 的范围时可利用 request 对象中的 setAttribute() 和 getAttribute()。

(3) Session 的作用范围为用户持续和服务器所连接的有效期范围，与服务器断线后，这个属性将无效。

(4) Application 的作用范围为服务器一开始执行服务到服务器关闭。Application 的作用范围最大，停留的时间也最久，所以使用时要特别注意，不然可能会造成服务器负载越来越重的情况。

11.5.5　out 对象

out 对象是 javax.jsp.JspWriter 的一个实例，是一个输出流，用来向客户端输出数据。

out 对象用于各种数据的输出，常用方法如下。

(1) out.print()：输出各种类型数据。

(2) out.newLine()：输出一个换行符。

(3) out.close()：关闭流。

下面例子是用 out 输出当前的日期。

```
//out 对象示例 outTest.jsp
01      <%@ page contentType="text/html;charset=GB2312"%>
02      <%@ page import="java.util.Date"%>
03  <html>
04      <head>
05          <body>
06              <%              <!--定义了当前时间的小时、分、秒-->
07                  Date Now = new Date();
08                  String hours = String.valueOf(Now.getHours());
09                  String mins = String.valueOf(Now.getMinutes());
10                  String secs = String.valueOf(Now.getSeconds());
11              %>              <!--显示了当前时间的小时、分、秒-->
12              <font> 现在是 <%
13                  out.print(String.valueOf(Now.getHours()));
14              %> 小时 <%
15                  out.print(String.valueOf(Now.getMinutes()));
16              %> 分 <%
17                  out.print(String.valueOf(Now.getSeconds()));
18              %> 秒 </font>
19          </body>
20  </html>
```

上面代码中首先在第 2 行导入类 Date，然后在第 6～11 行代码间通过 JSP 脚本，获取关于当前时间的小时、分和秒的变量，最后在第 13 行、第 15 行和第 17 行输出。

11.6 本 章 小 结

本章对 JSP 知识进行了介绍，并介绍了 Java Web 的开发环境和服务器。读者通过本章的学习，可以了解 JSP 的语法及开发流程。

第 12 章　Servlet

12.1　Servlet　简　介

Servlet 是运行在 Web 服务器端的 Java 应用程序,它使用 Java 语言编写,具有 Java语言的优点。与 Java 程序的区别是,Servlet 对象主要封装了对 HTTP 请求的处理,并且它的运行需要 Servlet 容器支持。在 JavaWeb 应用方面,Servlet 的应用占有十分重要的地位,它在 Web 请求的处理功能方面也非常强大。

12.2　Servlet 代码结构

先新建 Web 项目,鼠标右键点击新建项目的 src 文件包,选择 New,再选择 Servlet,即可新建 Servlet 文件(图 12-1)。

图 12-1　创建 Servlet 文件

建立好的 Servlet 文件如图 12-2 所示。图 12-2 中的代码显示了一个 Servlet 对象的代码结构,firstServlet 类通过继承 HttpServlet 类被声明为一个 Servlet 对象。该类中包含 6个方法,其中 init 方法与 destroy 方法分别为 Servlet 初始化与生命周期结束所调用的方法,其余 4 个方法为 Servlet 处理不同 HTTP 请求类型所提供的方法。

在一个 Servlet 对象中,最常用的方法是 doGet()与 doPost(),这两个方法用于处理HTTP 的 Get 与 Post 请求。例如,<form>表单对象声明 method 属性 post,提交到 Servlet对象处理时,Servlet 将调用 doPost()方法进行处理。

```java
package firstServlet;
import java.io.IOException;
public class firstServlet extends HttpServlet {
    public firstServlet() {
        super();
    }
    public void destroy() {
        super.destroy();
    }
    public void doGet(HttpServletRequest request, HttpServletResponse response)
            throws ServletException, IOException {
        response.setContentType("text/html");
        PrintWriter out = response.getWriter();
        out.println("<!DOCTYPE HTML PUBLIC \"-//W3C//DTD HTML 4.01 Transitional//EN\">");
        out.println("<HTML>");
        out.println("  <HEAD><TITLE>A Servlet</TITLE></HEAD>");
        out.println("  <BODY>");
        out.print("    This is ");
        out.print(this.getClass());
        out.println(", using the GET method");
        out.println("  </BODY>");
        out.println("</HTML>");out.flush();out.close();
    }
    public void doPost(HttpServletRequest request, HttpServletResponse response)
            throws ServletException, IOException {
        response.setContentType("text/html");
        PrintWriter out = response.getWriter();
        out.println("<!DOCTYPE HTML PUBLIC \"-//W3C//DTD HTML 4.01 Transitional//EN\">");
        out.println("<HTML>");
        out.println("  <HEAD><TITLE>A Servlet</TITLE></HEAD>");
        out.println("  <BODY>");
        out.print("    This is ");
        out.print(this.getClass());
        out.println(", using the POST method");
        out.println("  </BODY>");
        out.println("</HTML>");out.flush();out.close();
    }
    public void init() throws ServletException {
    }
}
```

图 12-2　Servlet 文件内容

12.3　Servlet　配　置

对 Servlet 的配置指定了处理前端请求究竟是通过哪个 Servlet。配置 Servlet 有两种方式，一种是使用 web.xml 文件配置，另一种是使用注解配置。本书主要讲解通过 web.xml 文件进行配置。

在 WEBROOT 的 WEB-INF 下找到 web.xml，鼠标右键点击 web.xml，选择 open with，然后选择 Text Editor，即可看到 web.xml 的内容(图 12-3)。

```xml
<?xml version="1.0" encoding="UTF-8"?>
<web-app version="3.0"
    xmlns="http://java.sun.com/xml/ns/javaee"
    xmlns:xsi="http://www.w3.org/2001/XMLSchema-instance"
    xsi:schemaLocation="http://java.sun.com/xml/ns/javaee http://java.sun.com/xml/ns/javaee/web-app_3_0.xsd">
  <servlet>
    <description>This is the description of my J2EE component</description>
    <display-name>This is the display name of my J2EE component</display-name>
    <servlet-name>firstServlet</servlet-name>
    <servlet-class>firstServlet.firstServlet</servlet-class>
  </servlet>

  <servlet-mapping>
    <servlet-name>firstServlet</servlet-name>
    <url-pattern>/servlet/firstServlet</url-pattern>
  </servlet-mapping>

</web-app>
```

图 12-3　创建 Servlet 后的 web.xml 文件内容

内容说明如下。

(1) servlet 的配置内容要写在 Web-app 内部。

(2) 标签<servlet-mapping></servlet-mapping>中存放 servlet 访问配置内容；标签<servlet-name></servlet-name>中存放访问的 servlet 名称；标签<url-pattern> </url-pattern>存放该 Servlet 的访问路径。图 12-3 中标签<servlet-mapping>中的内容就是一个名为

firstServlet 的 servlet 容器存放在项目的 servlet 文件夹中。

12.4　Servlet 读取表单数据

Servlet 读取表单记录步骤如下：

（1）新建一个名为 servletFormTest 的 Web 项目，然后鼠标右键点击 src，新建一个名为 servlet 的文件夹，再在该文件夹下新建一个名为 servletForm 的 Servlet 容器，目录结构如图 12-4 所示。

图 12-4　servletFormTest 项目结构

（2）修改 index.jsp 代码，如图 12-5 所示。

```
1  <%@ page language="java" import="java.util.*" pageEncoding="utf-8"%>
2  <%
3  String path = request.getContextPath();
4  String basePath = request.getScheme()+"://"+request.getServerName()+":"+request.getServerPort()+path+"/";
5  %>
6
7  <!DOCTYPE HTML PUBLIC "-//W3C//DTD HTML 4.01 Transitional//EN">
8  <html>
9    <head>
10     <base href="<%=basePath%>">
11
12     <title>My JSP 'index.jsp' starting page</title>
13     <meta http-equiv="pragma" content="no-cache">
14     <meta http-equiv="cache-control" content="no-cache">
15     <meta http-equiv="expires" content="0">
16     <meta http-equiv="keywords" content="keyword1,keyword2,keyword3">
17     <meta http-equiv="description" content="This is my page">
18     <!--
19     <link rel="stylesheet" type="text/css" href="styles.css">
20     -->
21    </head>
22
23    <body>
24      <form action="servletForm" method="GET">
25  姓名: <input type="text" name="name">
26  <br />
27  密码: <input type="password" name="password" />
28  <input type="submit" value="提交" />
29    </form>
30    </body>
31  </html>
32
```

图 12-5　index.jsp 页面代码

(3)修改 servletForm 代码，如图 12-6 所示。

```java
 1  package servlet;
 2
 3  import java.io.IOException;
 9
10  public class servletForm extends HttpServlet {
11      public servletForm() {
12          super();
13      }
14      public void destroy() {
15          super.destroy();
16      }
17      public void doGet(HttpServletRequest request, HttpServletResponse response)
18              throws ServletException, IOException {
19          response.setContentType("text/html;charset=UTF-8");
20          PrintWriter out = response.getWriter();
21          String title = "servlet读取表单数据";
22          String name =new String(request.getParameter("name").getBytes("ISO8859-1"),"UTF-8");
23          String docType = "<!DOCTYPE html> \n";
24          out.println(docType +
25              "<html>\n" +
26              "<head><title>" + title + "</title></head>\n" +
27              "<body bgcolor=\"#f0f0f0\">\n" +
28              "<h1 align=\"center\">" + title + "</h1>\n" +
29              "<ul>\n" +
30              "   <li><b>站点名</b>: "
31              + name + "\n" +
32              "   <li><b>密码</b>: "
33              + request.getParameter("password") + "\n" +
34              "</ul>\n" +
35              "</body></html>");
36
37      }
38      public void doPost(HttpServletRequest request, HttpServletResponse response)
39              throws ServletException, IOException {
40
41      }
42      public void init() throws ServletException {
43      }
44
45  }
46
```

图 12-6　servletForm 代码

(4)web.xml 文件代码如图 12-7 所示。

```xml
 1  <?xml version="1.0" encoding="UTF-8"?>
 2  <web-app version="3.0"
 3      xmlns="http://java.sun.com/xml/ns/javaee"
 4      xmlns:xsi="http://www.w3.org/2001/XMLSchema-instance"
 5      xsi:schemaLocation="http://java.sun.com/xml/ns/javaee http://java.sun.com/xml/ns/javaee/web-app_3_0.xsd">
 6
 7  <welcome-file-list>
 8      <welcome-file>index.jsp</welcome-file>
 9  </welcome-file-list>
10
11  <servlet>
12      <description>This is the description of my J2EE component</description>
13      <display-name>This is the display name of my J2EE component</display-name>
14      <servlet-name>servletForm</servlet-name>
15      <servlet-class>servlet.servletForm</servlet-class>
16  </servlet>
17
18  <servlet-mapping>
19      <servlet-name>servletForm</servlet-name>
20      <url-pattern>/servletForm</url-pattern>
21  </servlet-mapping>
22
23
24  </web-app>
```

图 12-7　web.xml 文件代码

(5)运行效果如图 12-8 所示。

图 12-8　index.jsp 页面运行效果

点击提交后运行效果如图 12-9 所示。

图 12-9　点击提交按钮后运行效果

说明：

(1)如图 12-9 所示，点击提交按钮后，servlet 获取了表单中姓名和密码的数据，并将其显示在网页上。

(2)index.jsp 页面代码第 24 行\<form action="servletForm" method="GET">，表示该表单数据提交给了名为 servletForm 的 servlet，提交的方式为 GET 方式。

(3)因提交的方式为 GET 方式，因此 servletForm 代码中只需实现 doGet 方法即可。

(4)如果提交的方式为 POST 方式，则需要实现 doPost 方法。

12.5　本 章 小 结

本章对 Servlet 进行了介绍，并介绍了 Servlet 的配置。读者通过本章的学习，可以了解 Servlet 的语法及开发流程。

第13章 JavaBean

13.1 JavaBean 简 介

JavaBean 是使用 Java 语言开发的一个可重用的组件。在 JSP 的开发中可以使用 JavaBean 减少重复代码，使整个 JSP 代码的开发更简洁。JSP 搭配 JavaBean 使用，具有以下优点。

（1）可将 HTML 和 Java 代码分离，这主要是为了方便日后维护。如果把所有程序代码（HTML 和 Java）都写到 JSP 页面中，会使整个程序代码又多又复杂，造成日后维护上的困难。

（2）可利用 JavaBean 的优点将日常用到的程序写成 JavaBean 组件，当在 JSP 开发中要使用时，即可调用 JavaBean 组件来执行用户所要的功能，不用再重复写相同的程序，这样可以节省开发所需的时间。

13.2 JavaBean 开发要求

JavaBean 本身就是一个类，属于 Java 的面向对象编程。

在 JSP 的开发中如果要应用 JSP 提供的 JavaBean 标签来操作简单的类，则此类必须满足以下开发要求。

（1）所有的类必须放在一个包中，在 Web 中是不存在没有包的。

（2）所有的类必须声明为 public class，这样才能够被外部访问。

（3）类中所有的属性都必须封装，即使用 private 声明。

（4）封装的属性如果需要被外部操作，则必须编写对应的 setter、getter 方法。

（5）一个 JavaBean 中至少存在一个无参构造方法，以让 JSP 中的标签使用。

JavaBean 简单实例，代码如下。

```
package loginServlet;

public class user {
private String userName;
public String getUserName() {
    return userName;
}
public void setUserName(String userName) {
    this.userName = userName;
```

```
}
public String getPassword() {
    return password;
}
public void setPassword(String password) {
    this.password = password;
}
private String password;
}
```

13.3　用标签操作 JavaBean

操作 JavaBean 的标签有 3 个：<jsp:useBean>、<jsp:setProperty>和<jsp:getProperty>。

<jsp:useBean>标签用来装载一个将在 JSP 页面中使用的 JavaBean。这个功能非常有用，它使开发人员既可以发挥 Java 组件重用的优势，也避免了直接在 JSP 实例化对象的复杂操作。<jsp:useBean> 标签最简单的语法为：

<jsp:useBean id="name" class="package.class" />

获得 Bean 实例后，可以通过<jsp:setProperty>标签设置 Bean 的属性，通过<jsp:getProperty>标签读取 Bean 的属性。这两个标签的语法如下：

<jsp:setProperty name="myName" property="someProperty" value="value"/>

<jsp:getProperty name="myName" property="someProperty" />

<jsp:getProperty>标签提取指定 Bean 属性的值，转换成字符串，然后输出。<jsp:getProperty>有两个必需的属性，参数见表 13-1。

表 13-1　<jsp:getProperty>标签参数表

属性	定义
name	表示要设置属性的是哪个 Bean
property	表示要设置哪个属性

<jsp:setProperty>用来设置已经实例化的 Bean 对象的属性，它有 4 个属性，参数见表 13-2。

表 13-2　<jsp: setProperty>标签参数表

属性	定义
name	表示要设置属性的是哪个 Bean
property	表示要设置哪个属性
value	用于指定 Bean 属性的值
param	用于指定用哪个请求参数作为 Bean 属性的值

需要说明的是，value 属性字符串数据会在目标类中通过标准的 valueOf 方法自动转换成数字、boolean、Boolean、byte、Byte、char、Character。例如，boolean 和 Boolean 类型的属性值（如"true"）通过 Boolean.valueOf 转换，int 和 Integer 类型的属性值（如"42"）通过 Integer.valueOf 转换。value 和 param 不能同时使用，但可以使用其中任意一个。

13.4　用 JavaBean+Servlet 实现简单的登录

（1）创建 web project，项目名为 loginServlet。

（2）在 WebRoot 目录下创建 login.jsp 文件，代码如下。

```jsp
<%@ page language="java" import="java.util.*" pageEncoding="UTF-8"%>
<%String path = request.getContextPath();
String basePath = request.getScheme()+"://"+request.getServerName()+":"+
request.getServerPort()+path+"/";%>
<!DOCTYPE HTML PUBLIC "-//W3C//DTD HTML 4.01 Transitional//EN">
<html>
  <head>
    <title>My JSP 'login.jsp' starting page</title>
  </head>
  <body>
    <form action="login" method="get">
    username:<input type="text" name="username"><br>
    password:<input type="password" name="pwd"><br>
    <input type="submit">
    </form>
  </body>
</html>
```

（3）在 scr 目录下新建 loginServlet 文件夹，在该文件夹下新建 user.java 文件，代码如下。

```java
package loginServlet;

public class user {
private String userName;
public String getUserName() {
    return userName;
}
}
```

```
public void setUserName(String userName) {
    this.userName = userName;
}
public String getPassword() {
    return password;
}
public void setPassword(String password) {
    this.password = password;
}
private String password;
}
```

(4) 在 scr 目录下的 loginServlet 文件夹中编写 servlet 类 login.java 文件，代码如下。

```
package loginServlet;
import java.io.IOException;
import java.io.PrintWriter;
import javax.servlet.ServletException;
import javax.servlet.http.HttpServlet;
import javax.servlet.http.HttpServletRequest;
import javax.servlet.http.HttpServletResponse;
import javax.servlet.http.HttpSession;
public class login extends HttpServlet {
 public login() {
    super();
 }
 public void destroy() {
    super.destroy();
 }
 public  void  doGet(HttpServletRequest  request,  HttpServletResponse
response)
        throws ServletException, IOException {
    HttpSession session = request.getSession();
    user user1 = new user();
    String username = request.getParameter("username");
    String pwd = request.getParameter("pwd");
    user1.setUserName(username);
    user1.setPassword(pwd);
```

```
        if((username != null)&&(username.trim().equals("jsp"))) {
         if((pwd != null)&&(pwd.trim().equals("1"))) {
          System.out.println("success");
          session.setAttribute("user", user1);
          String login_suc = "success.jsp";
          response.sendRedirect(login_suc);
          return;
         }}
        String login_fail = "fail.jsp";
        response.sendRedirect(login_fail);
        return;
    }
    public void doPost(HttpServletRequest request, HttpServletResponse
response)
         throws ServletException, IOException {
    }
    public void init() throws ServletException {
    }
}
```

（5）在 WebRoot 目录下编写 success.jsp 文件，成功后跳转，代码如下。

```jsp
<%@ page language="java" import="java.util.*" pageEncoding="UTF-8"%>
<%@page import="loginServlet.user"%>
<%String path = request.getContextPath();
String basePath = request.getScheme()+"://"+request.getServerName()+":"+
request.getServerPort()+path+"/";%>
<html>
  <head>
    <title>My JSP 'success.jsp' starting page</title>
  </head>
  <body>
   <%
   user user1 = (user)session.getAttribute("user");
   %>
   username:<%= user1.getUserName()%>
    <br>
    password:<%= user1.getPassword()%>
```

```
  </body>
  </html>
```

（6）在 WebRoot 目录下编写 fail.jsp 文件，失败后跳转，代码如下。

```
<%@ page language="java" import="java.util.*" pageEncoding="UTF-8"%>
<%@page import="loginServlet.user"%>
<%String path = request.getContextPath();
String basePath = request.getScheme()+"://"+request.getServerName()+":"+
request.getServerPort()+path+"/";%>
<html>
  <head>
    <title>My JSP 'success.jsp' starting page</title>
  </head>
  <body>
  Login Failed! <br>
  </body>
</html>
```

（7）修改 web.xml 配置文件，代码如下。

```
<?xml version="1.0" encoding="UTF-8"?>
<web-app version="3.0"
    xmlns="http://java.sun.com/xml/ns/javaee"
    xmlns:xsi="http://www.w3.org/2001/XMLSchema-instance"
    xsi:schemaLocation="http://java.sun.com/xml/ns/javaee http://java.sun.
com/xml/ns/javaee/web-app_3_0.xsd">

  <welcome-file-list>
    <welcome-file>login.jsp</welcome-file>
  </welcome-file-list>

  <servlet>
    <description>This is the description of my J2EE component</description>
    <display-name>This is the display name of my J2EE component</display-
name>
    <servlet-name>login</servlet-name>
    <servlet-class>loginServlet.login</servlet-class>
```

```
  </servlet>

  <servlet-mapping>
    <servlet-name>login</servlet-name>
    <url-pattern>/login</url-pattern>
  </servlet-mapping>

</web-app>
```

(8) 运行效果如图 13-1～图 13-14 所示。

①用户名输入"jsp",密码输入"1"后点击提交(图 13-1)。进入登录成功页面,显示登录的用户名和密码(13-2)。

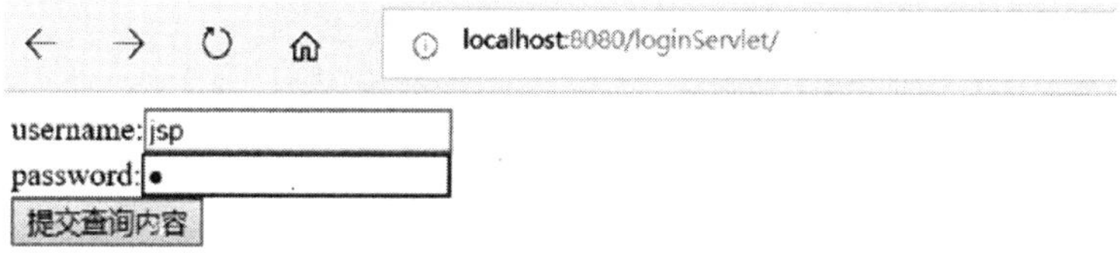

图 13-1　输入正确值效果图

图 13-2　登录成功效果图

②输入其他内容后点击提交(13-3)。

图 13-3　输入错误值效果图

进入登录失败页面,提示登录失败,如图 13-4 所示。

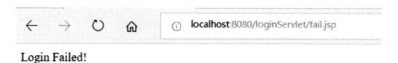

图 13-4　登录失败效果图

13.5 本 章 小 结

本章对 JavaBean 的相关知识进行了介绍，并通过登录案例将 JavaBean、Servlet 和 jsp 三者相结合。通过本章的学习，读者可以了解如何使用这三者开发一个 Java Web 项目。

第14章 JSP项目实训

14.1 项 目 需 求

14.1.1 项目功能图

项目功能图如图 14-1 所示。

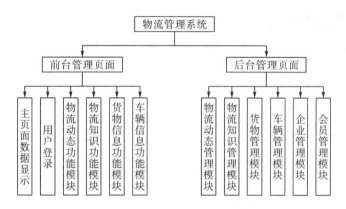

图 14-1 项目功能图

14.1.2 项目功能说明

1. 用户登录模块

用户登录模块用于管理会员操作，使管理者能够更合理高效地管理网站系统。其中前台涉及的操作有用户注册、用户登录等，后台涉及的操作有会员信息修改、删除等。

2. 物流动态功能模块

物流动态功能模块用于及时发布物流动态信息，方便会员做出相应选择。其中，前台涉及的操作有物流信息查询、修改等，后台涉及的操作有物流动态删除、修改等。

3. 物流知识功能模块

物流知识功能模块用于向会员展示物流知识，方便会员获取自己想要了解的信息。其中，前台涉及的操作有物流知识查询等，后台涉及的操作有物流知识的删除、查找等。

4. 车辆信息功能模块

车辆信息功能模块用于向会员以及管理员展示该企业内车辆的各种信息，以及对其的一些操作。其中，前台涉及的操作有车辆查询等，后台涉及的操作包括车辆信息的删除、修改等。

5. 企业信息模块

企业信息模块用于向会员介绍一些企业的经营范围、邮箱等信息。其中，前台涉及的操作有查询企业信息等，后台涉及的操作有删除、修改、查询该企业的信息等。

6. 会员管理模块

会员管理模块用于修改、删除会员的相关信息。

14.2　项　目　设　计

14.2.1　项目用例图

(1)一般会员用例图如图 14-2 所示。

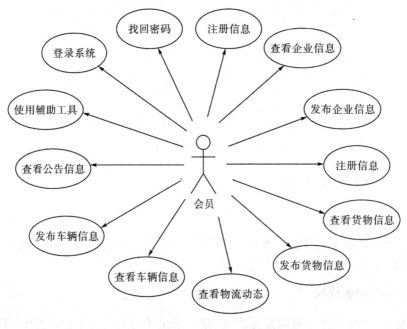

图 14-2　一般会员用例图

(2)管理员用例图如图 14-3 所示。

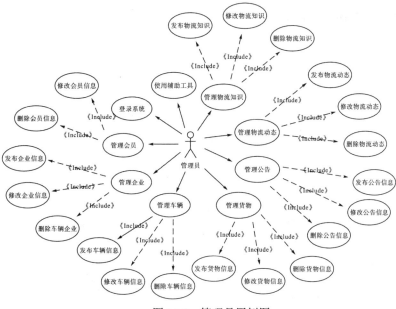

图 14-3 管理员用例图

14.2.2 项目流程图

（1）物流、货物模块流程如图 14-4 所示。

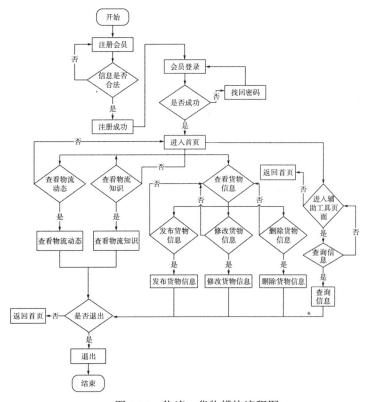

图 14-4 物流、货物模块流程图

(2) 车辆、企业模块流程如图 14-5 所示。

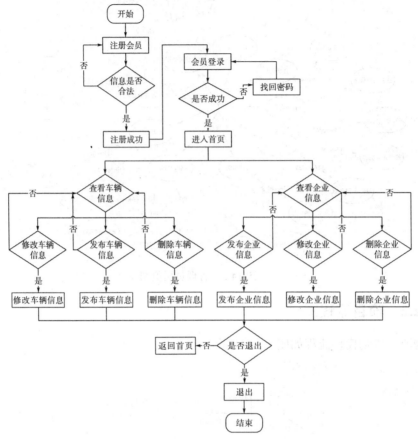

图 14-5　车辆、企业模块流程图

14.3　项目数据库设计

(1) 会员实体图如图 14-6 所示。

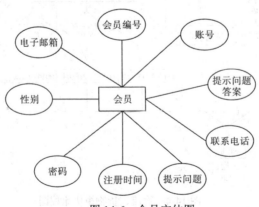

图 14-6　会员实体图

(2) 货物实体图如图 14-7 所示。

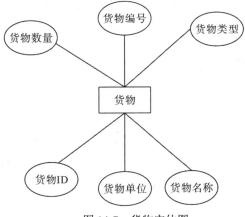

图 14-7　货物实体图

(3) 车辆实体图如图 14-8 所示。

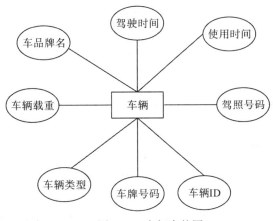

图 14-8　车辆实体图

(4) 企业实体图如图 14-9 所示。

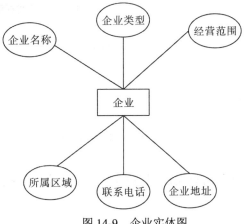

图 14-9　企业实体图

14.4 系 统 实 现

14.4.1 数据库实现

1. 数据表结构说明

本项目共包含以下 7 张数据表。

（1）tb_Customer（用户信息表）：用于保存用户信息（图 14-10）。主要字段说明：①ID：唯一标识符，主键，自增序号；②Name：用户姓名；③Password：用户密码；④pow：用户权限，管理员权限为 2，其他用户权限为 1。

列名	数据类型	允许空
ID	int	☐
Name	varchar(20)	☐
Password	varchar(16)	☐
pow	nchar(10)	☐
Email	varchar(30)	☐
Sex	varchar(10)	☐
Phone	varchar(50)	☐
Question	varchar(50)	☐
Result	varchar(50)	☐
IssueDate	varchar(50)	☐

图 14-10　用户信息表

（2）tb_Placard（公告信息表）（图 14-11）。主要字段说明：ID：唯一标识符，主键，自增序号。

列名	数据类型	允许空
ID	int	☐
Title	varchar(50)	☐
[Content]	varchar(1000)	☐
Author	varchar(20)	☐
IssueDate	datetime	☐

图 14-11　公告信息表

（3）tb_CarMessage（车辆信息表）（图 14-12）。主要字段说明：Code：唯一标识符，主键。

列名	数据类型	允许空
Code	int	
TradeMark	nvarchar(20)	
Brand	nvarchar(50)	
Style	nvarchar(30)	
CarLoad	nvarchar(10)	
UsedTime	varchar(50)	
DriverName	nvarchar(30)	
DriverTime	varchar(50)	
LicenceNumber	nvarchar(50)	
LicenceStyle	nvarchar(20)	
TranspotStyle	nvarchar(20)	
LinkMan	nvarchar(20)	
LinkPhone	nvarchar(50)	
Remark	nvarchar(100)	
IssueDate	datetime	
UserName	varchar(20)	

图 14-12   车辆信息表

(4) tb_GoodsMeg(货物信息表)(图 14-13)。主要字段说明：ID：唯一标识符，主键，自增序号。

列名	数据类型	允许空
ID	int	
GoodsStyle	varchar(50)	
GoodsName	varchar(100)	
GoodsNumber	varchar(50)	
GoodsUnit	varchar(50)	
StartProvince	varchar(100)	
StartCity	varchar(20)	
EndProvince	varchar(30)	
EndCity	varchar(30)	
Style	varchar(50)	
TransportTime	varchar(50)	
Phone	varchar(50)	
Link	varchar(200)	
IssueDate	datetime	
Remark	varchar(800)	
Request	varchar(50)	
UserName	varchar(50)	

图 14-13   货物信息表

(5) tb_Enterprise(企业信息表)(图 14-14)。主要字段说明：ID：唯一标识符，主键，自增序号。

列名	数据类型	允许空
ID	int	☐
EnterpriseSort	varchar(50)	☐
EnterpriseName	varchar(100)	☐
Operation	varchar(100)	☑
WorkArea	varchar(50)	☑
Address	varchar(100)	☑
Phone	varchar(200)	☑
LinkMan	varchar(30)	☑
HandSet	varchar(30)	☑
Fax	varchar(30)	☑
Email	varchar(50)	☑
Http	varchar(50)	☑
Intro	varchar(200)	☑
IssueDate	varchar(80)	☑
UserName	varchar(50)	☑

图 14-14　企业信息表

(6) b_Knowledge(物流知识表)(图 14-15)。主要字段说明：ID：唯一标识符，主键，自增序号。

列名	数据类型	允许空
ID	int	☐
Title	varchar(50)	☐
[Content]	varchar(2000)	☐
Author	varchar(50)	☐
IssueDate	datetime	☐

图 14-15　物流知识表

(7) tb_logistics(物流动态表)(图 14-16)。主要字段说明：ID：唯一标识符，主键，自增序号。

列名	数据类型	允许空
ID	int	☐
Title	varchar(50)	☐
[Content]	varchar(2000)	☐
Author	varchar(50)	☐
IssueDate	datetime	☐

图 14-16　物流动态表

2. 建立数据库

(1) 打开 SQL Server Management，选择本地数据库服务器，采用 Windows 身份验证，点击连接(图 14-17)。

图 14-17　数据库界面

(2)修改 sa 用户密码，双击 sa，将密码修改为"sa"（图 14-18）。

图 14-18　修改数据库用户密码

(3)断开连接（图 14-19），采用 sa 登录（图 14-20）。

图 14-19　断开数据库连接

图 14-20 使用 sa 登录

(4) 新建数据库，数据库命名为"db_WuLiu"（图 14-21）。

图 14-21 建立数据库

(5) 按数据表结构说明，建立 7 张数据表，并按要求完成字段，其中设置 ID 为主键和标识符，增量为 1，自行为每张表录入一定的测试数据。

14.4.2 设计公共模块

1. 建立 Web 项目

打开 MyEclipse，空白处点击鼠标右键，选择 New→Web Project，命名为"WuLiu"（图 14-22）。

2. 编写公共类模块

(1) 建立公共类包。选中 src 点击鼠标右键，选择 New→Package，命名为"com.wy"，并在该包下新建 CountTime 类（图 14-23）。编写如图 14-24 所示代码。

(2) 新建 JDBConnection 类。选中 com.wy 包，点击鼠标右键选择 New→Class，命名为"JDBConnection"（图 14-25）。

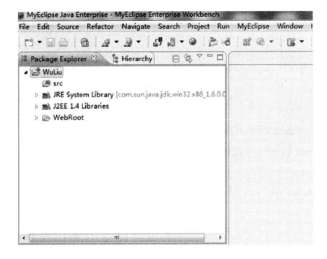

图 14-22　建立 web 项目

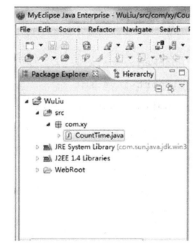

图 14-23　建立 CountTime 类

```
package com.wy;

import java.util.Date;
import java.text.DateFormat;

public class CountTime {
    public String currentlyTime() {
        Date date = new Date();
        DateFormat dateFormat = DateFormat.getDateInstance(DateFormat.FULL);
        return dateFormat.format(date);
    }
}
```

图 14-24　CountTime 类代码

图 14-25　建立 JDBConnection 类

编写如下代码：

```java
package com.wy;
import java.sql.*;
public class JDBConnection {
    private Connection conn = null;   //定义连接的对象
    private Statement st = null;     //设置Statement 类的对象
    private ResultSet rs=null;
    private String dbDriver = "com.microsoft.sqlserver.jdbc.SQLServerDriver";
// 数据库的驱动
    private String url = "jdbc:sqlserver://127.0.0.1:1433;DatabaseName=
db_WuLiu"; // URL 地址
    public JDBConnection(){
        try {
            Class.forName(dbDriver).newInstance(); // 加载数据库驱动
            conn = DriverManager.getConnection(url, "sa", "sa"); // 加载
数据库

            System.out.println("加载成功");
        } catch (Exception ex) {
            System.out.println("数据库加载失败");
        }
    }
    public ResultSet executeQuery(String sql) {
        try {
            st = conn.createStatement(ResultSet.TYPE_SCROLL_SENSITIVE,
                    ResultSet.CONCUR_READ_ONLY);
            rs = st.executeQuery(sql);                    //执行对数据库
的查询操作
        } catch (SQLException e) {
            e.printStackTrace();
            System.out.println("Query Exception");        //在控制台中输
入异常信息
        }
        return rs;                   //将查询的结果通过 return 关键字返回
    }
    public boolean executeUpdata(String sql) {
        try {
            st = conn.createStatement();     //创建声明对象连接
```

```
        st.executeUpdate(sql);          //执行添加、修改、删除操作
        return true;                     //如果执行成功则返回 true
    } catch (Exception e) {
        e.printStackTrace();
    return false;                        //如果执行成功则返回 false
    }
  }
}
```

　　(3)导入数据库连接驱动包。选择 WebRoot→WEB-INF，选中 lib 包，点击鼠标右键选择 Build Path→Configure Build Path(图 14-26)。

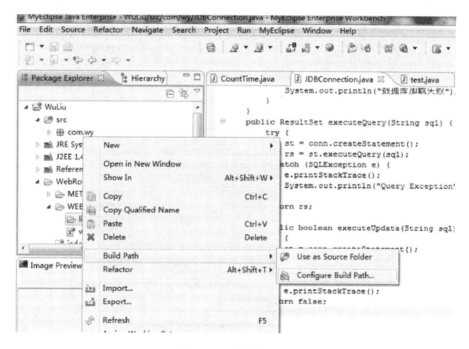

图 14-26　选择 Build Path

　　选择 Libraries，点击右边第二项 Add External JARs…(图 14-27)，导入 sqljdbc4.jar 包(图 14-28)。

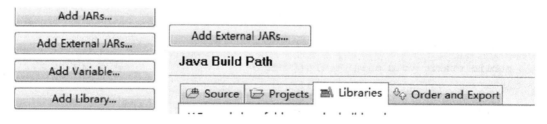

图 14-27　选择 Libraries

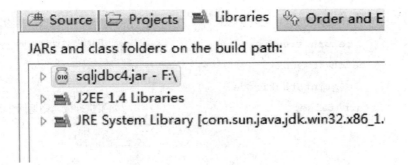

图 14-28　导入 sqljdbc4.jar 包

(4)测试数据库连接是否成功。选中 com.wy 包，点击鼠标右键选择 New→Class，命名为 test，并选择主函数(图 14-29)。

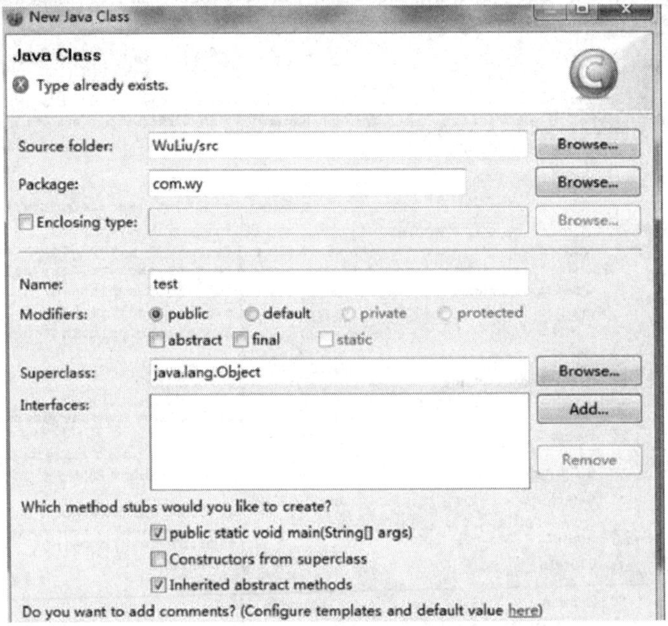

图 14-29　建立 test 类

编写如下代码：

```
package com.wy;
import java.sql.ResultSet;
public class test {
public static void main(String[] args) {
ResultSet rs1=null;
String sql="select * from tb_Customer";
JDBConnection op=new JDBConnection();
```

```
rs1=op.executeQuery(sql);
if(rs1!=null)
{
System.out.println("1");
}
else
{
System.out.println("2");
}
}
}
```

选中 test.java，点击右键，选择 Run As，选择第一项 Java Application（图 14-30）。结果如图 14-31 所示，表示数据库连接成功。

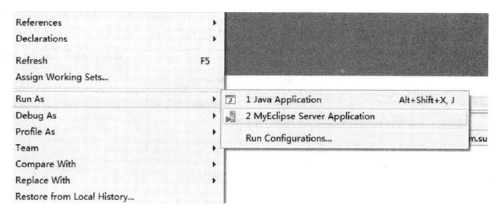

图 14-30　运行 Test 类

图 14-31　查看运行结果

14.4.3　搭建前后台页面

1. 导入项目素材

在 WebRoot 下，导入 CSS 样式及网站所需要的图片（图 14-32）。

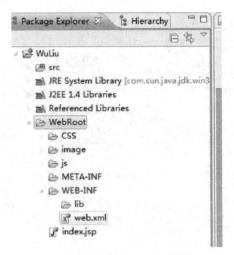

图 14-32　导入项目素材

2. 普通会员页面设计

普通会员首页为 index.jsp，分别包含 top.jsp、left.jsp、right.jsp 和 down.js 4 部分。

（1）新建 top.jsp、left.jsp、right.jsp 和 down.jsp 4 张 JSP 页面。选中 WebRoot，点击鼠标右键 New→JSP，分别命名为"top.jsp""left.jsp""right.jsp"和"down.jsp"（图 14-33）。

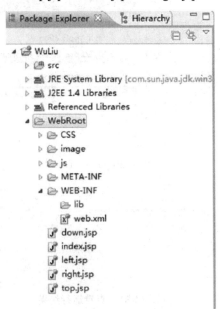

图 14-33　新建首页相关页面

（2）index.jsp 页面代码如下：

```
<%@ page contentType="text/html; charset=gb2312" %>
<%@ page import="java.sql.*"%>
```

```jsp
<jsp:useBean id="connection" scope="page" class="com.wy.JDBConnection"/>
<html>
<head></head>
<meta http-equiv="Content-Type" content="text/html; charset=gb2312">
<link rel="stylesheet" href="CSS/style.css">
<title></title>
<Script language="javascript">
function check1()
{
if(form_u.name.value=="")
{
alert("请添入姓名");
form_u.name.focus();
return false;
}
if(form_u.password.value=="")
{
alert("请添入密码");
form_u.password.focus();
return false;
}
}
</Script>

<body  link="#669900" alink="#FFCC66" vlink="#FF3300">

<jsp:include page="top.jsp"/>
<table width="786" border="0" align="center" cellpadding="0" cellspacing=
"0">
  <tr>
    <td width="202" height="255" valign="top" background="image/8.jpg">

    <jsp:include page="left.jsp" flush="true" /></td>
    <td width="484" valign="top"><table width="100" border="0" cellpadding=
"0"cellspacing="0">
      <tr>
        <td><img src="image/13.jpg" width="370" height="39"></td>
      </tr>
```

```
    </table>
      <table width="370" border="0" cellpadding="0" cellspacing="0" background=
"image/14.jpg">
        <tr>
          <td valign="top">

            <table width="370" border="0" cellpadding="0" cellspacing="0">
            <tr>
              <td width="36" height="25"> </td>
              <td width="334"><a href="">

                </a></td>
            </tr>
              <tr>
            <td width="36" height="25"> </td>
            <td width="334" align="right"><a href=""> >>>更多信息 
  </a></td>
          </tr>
        </table>                  </td>
      </tr>
    </table>
      <table width="100" border="0" cellpadding="0" cellspacing="0">
        <tr>
          <td><img src="image/16.jpg" width="370" height="23"></td>
        </tr>
      </table>
      <table width="370"border="0"cellpadding="0"cellspacing="0"
background="image/17.jpg">

        <tr>
          <td width="36" height="25"> </td>
          <td width="334"><a href=""></a></td>
        </tr>
        <tr>
          <td width="36" height="25"> </td>
          <td width="334" align="right"><a href=""> >>>更多信息 
  </a></td>
        </tr>
```

```
     </table>
     <table width="100" border="0" cellpadding="0" cellspacing="0">
       <tr>
         <td><img src="image/18.jpg" width="370" height="29"></td>
       </tr>
     </table>
     <table width="370" border="0" cellpadding="0" cellspacing="0" background=
"image/19.jpg">
       <tr>
         <td width="36" height="25"> </td>
         <td width="334"><a href="">  </a>    </td>
       </tr>
       <tr>
         <td width="36" height="25"> </td>
         <td width="334" align="right"><a href=""> >>>更多信息  
  </a></td>
       </tr>
     </table></td><!--存放中间的代码-->
   <td valign="top" width="215" background="image/12.jpg"><jsp:include
page="right.jsp" flush="true" /></td>
   </tr>
   </table><jsp:include page="down.jsp" flush="true" />

   </body>

   </html>
```

（3）top.jsp 页面代码如下：

```
<%@ page contentType="text/html; charset=gb2312" language="java" %>
<%@ page import="java.util.*"%>
<meta http-equiv="Content-Type" content="text/html; charset=gb2312">
<jsp:useBean id="countTime" scope="page" class="com.wy.CountTime"/>
<table width="100%" border="0" align="center" cellpadding="0" cellspacing=
"0" >
  <tr>
    <td  height="80" align="center" background="image/1.jpg">
```

```
    <table height="80" border="0" cellpadding="0" cellspacing="0" background=
"image/2.jpg">
        <tr>
          <td width="787"></td>
        </tr>
      </table>


      </td>
    </tr>
  </table>
  <table width="100%" height="32" border="0" cellpadding="0" cellspacing="0"
background="image/3.jpg">
    <tr>
      <td><table width="786" border="0" align="center" cellpadding="0"
cellspacing="0" background="image/4.jpg">
        <tr>
          <th width="189" height="31" align="center">
            </th>
          <th width="597" height="31" align="center"><a href="index.jsp"
class="a1">本站首页</a> | <a href="" class="a1">物流动态</a> 
| <a href="" class="a1">物流知识</a> | <a href="" class="a1">
货物信息</a> | <a href="" class="a1">车辆信息</a> | <a
href="" class="a1">企业信息</a> | <a href="" class="a1">辅助工具
</a> | <a href="" class="a1">退 出</a> | <a href=""
class="a1">管理</a></th>
        </tr>
      </table></td>
    </tr>
  </table>
  <table width="100%" height="115" border="0" cellpadding="0" cellspacing=
"0" background="image/5.jpg" >
    <tr>
      <td valign="top"><table width="787" height="151" border="0" align=
"center" cellpadding="0" cellspacing="0" background="image/6.jpg">
        <tr>
          <td><table width="585" align="right">
            <tr>
              <td width="577" height="109" valign="top"></td>
```

```
        </tr>
      </table></td>
    </tr>
    </table></td> </tr>
  </table>
```

(4) left.jsp 页面代码如下：

```
<%@ page contentType="text/html; charset=gb2312" language="java" import=
"java.sql.*" errorPage="" %>
<meta http-equiv="Content-Type" content="text/html; charset=gb2312">
<jsp:useBean id="connection" scope="page" class="com.wy.JDBConnection"/>
<table width="202" border="0" cellpadding="0" cellspacing="0">
    <tr>
        <td width="202"><img src="image/7.jpg" width="202" height="39">
</td>
    </tr>
</table>

    <table width="202" border="0" cellpadding="0" cellspacing="0" background=
"image/8.jpg" >
    <tr>
     <td>
    <table width="91%" height="87" border="0" cellpadding="0" cellspacing=
"0">
        <tr>
         <td width="32%" height="30" align="center" valign="bottom"><div
align="right">用户名</div></td>
            <td width="68%" align="center" valign="bottom"><input name=
"name" type="text" size="16" maxlength="20"></td>
        </tr>
        <tr>
         <td height="30" align="center"><div align="right">密码</div>
</td>
            <td height="20" align="center"><input type="password" name=
"password" size="16" maxlength="20"></td>
        </tr>
        <tr>
```

```
            <td height="40" colspan="2" align="center" valign="middle">
            <input type="submit" value="提交" name="login" onClick="return
check1()">
             <input type="reset" value="重置"><br><br>
                <a href="register.jsp">新注册</a>
             <a href="found.jsp">找回密码</a></td>
        </tr>
        </table>


    <table width="100" border="0" cellpadding="0" cellspacing="0">
      <tr>
        <td><img src="image/9.jpg" width="201" height="5"></td>
      </tr>
    </table>
    </td>
      </tr>
    </table>
        <img src="image/111.jpg" >
```

(5) right.jsp 页面代码如下：

```
    <%@ page contentType="text/html; charset=gb2312" language="java" import=
"java.sql.*" errorPage="" %>
    <meta http-equiv="Content-Type" content="text/html; charset=gb2312">
    <jsp:useBean id="connection" scope="page" class="com.wy.JDBConnection"/>
    <table  border="0" align="center" cellpadding="0" cellspacing="0">
        <tr>
          <td><img src="image/11.jpg" width="215" height="39"></td>
        </tr>
    </table>
        <table width="169" height="29" border="0" align="center" cellpadding=
"0" cellspacing="0">
          <tr>
          <td width="22" height="25"> </td>
          <td width="147"><a href="#" onClick="window.open('','','width=786,
height=430');"></a></td>
        </tr>
      </table>
```

```
<table width="100" border="0" align="center" cellpadding="0" cellspacing=
"0">
    <tr>
        <td><img src="image/15.jpg" width="215" height="240"></td>
    </tr>
</table>
```

(6) down.jsp 页面代码如下：

```
<%@ page contentType="text/html; charset=gb2312" language="java" import=
"java.sql.*" errorPage="" %>
    <table width="786" height="114" border="0" align="center" cellpadding="0"
cellspacing="0" background="image/10.jpg">
    <tr>
        <td height="76" align="center"><a href="mailto:客户服务中心信箱：
*****@**.com">客户服务中心信箱：*****@**.com</a>  客户服务中心热线直播：023－
6248****29
        <br>
        公司名称：****有限公司  邮政编码：600000    <br>Copyright 2013 ***科技
<br></td></tr>
    </table>
```

(7) 普通会员页面效果如图 14-34 所示。

图 14-34　首页效果图

3. 管理员页面设计

所有管理员相关页面放入名为 Manager 的包中，首页为 index.jsp，包含 mtop.jsp。

(1)新建名为 Manager 的包，拖放至 WebRoot 目录下。在 Manager 包下新建 index.jsp 和 mtop.jsp(图 14-35)。

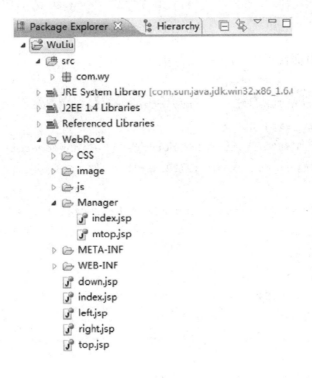

图 14-35   新建管理员相关页面

(2)index.jsp 页面代码如下：

```jsp
<%@ page contentType="text/html; charset=gb2312" %>
<html>
<head>
<meta http-equiv="Content-Type" content="text/html; charset=gb2312">
<link rel="stylesheet" href="../CSS/style.css">
<title>
Manager_index page
</title>
</head>
<body bgcolor="#ffffff">
<%
```

```
String username=(String)session.getAttribute("tsoft");
%>

<jsp:include page="mtop.jsp" flush="true"></jsp:include>

<table width="100%" height="31" border="0" cellpadding="0" cellspacing="0"
background="../image/bg-8.jpg" >
  <tr>
    <td><div  align="center"><img  src="../image/bg-7.jpg"  width="793"
height="493"></div></td>
    </tr>
  </table>
  </body>
  </html>
```

(3) mtop.jsp 页面代码如下：

```
<%@ page contentType="text/html; charset=gb2312" language="java" import=
"java.sql.*" errorPage="" %>
  <meta http-equiv="Content-Type" content="text/html; charset=gb2312">

  <table width="100%" height="78" border="0" cellpadding="0" cellspacing="0"
background="../image/bg-1.jpg" >
    <tr>  <td><table  width="769"  height="78"  border="0"  align="center"
cellpadding="0" cellspacing="0" background="../image/bg-2.jpg" >
      <tr><td></td></tr>
    </table></td></tr>
  </table>
  <table width="100%" height="39" border="0" cellpadding="0" cellspacing="0"
background="../image/bg-3.jpg" >
    <tr>
      <td valign="top"><table  width="796"  height="32"  border="0"  align=
"center" cellpadding="0" cellspacing="0" background="../image/bg-4.jpg"><tr>
        <th><a  href="index.jsp"  class="a1"> 首页 </a>  | <a href=""
class="a1">物流动态管理</a> | <a href="" class="a1">物流知识管理</a> 
| <a href="" class="a1">货物管理</a> | <a href="" class="a1">
车辆管理</a> | <a href="" class="a1">企业管理</a> |   
<a href="" class="a1">公告管理</a> | <a href="" class="a1">会员管理
```

```
</a> | <a href="" class="a1">辅助工具</a> | <a href=""
class="a1">退出</a></th>
        </tr> </table></td>
     </tr></table>
```

（4）后台页面进入方法及效果：点击前台首页"管理"导航条，进入后台管理页面，页面效果如图 14-36 所示。

图 14-36　管理员页面效果图

14.4.4　普通会员首页数据显示实现

首页页面数据显示效果如图 14-37 所示，修改前台 index.jsp 页面代码如下：

图 14-37　首页页面数据显示

```
<%@ page contentType="text/html; charset=gb2312" %>
<%@ page import="java.sql.*"%>
<jsp:useBean id="connection" scope="page" class="com.wy.JDBConnection"/>
<html>
<head>
<meta http-equiv="Content-Type" content="text/html; charset=gb2312">
<link rel="stylesheet" href="CSS/style.css">
<title></title>
<Script language="javascript">
function check1()
{
if(form_u.name.value=="")
{
alert("请添入姓名");
form_u.name.focus();
return false;
}
if(form_u.password.value=="")
{
alert("请添入密码");
form_u.password.focus();
return false;
}
}
</Script>
<%!
ResultSet rs1=null ,goodrs=null;
String sql,goodsql,placardsql,esql,login,username,pow;
int code,gcode;
%>

<body  link="#669900" alink="#FFCC66" vlink="#FF3300">

<jsp:include page="top.jsp"/>
<table width="786" border="0" align="center" cellpadding="0" cellspacing=
"0">
  <tr>
    <td width="202" height="255" valign="top" background="image/8.jpg">
```

```
    <jsp:include page="left.jsp" flush="true" /></td>
    <td width="484" valign="top"><table width="100" border="0" cellpadding=
"0" cellspacing="0">
      <tr>
        <td><img src="image/13.jpg" width="370" height="39"></td>
      </tr>
    </table>
      <table width="370"border="0"cellpadding="0"cellspacing="0"background=
"image/14.jpg">
        <tr>
          <td valign="top">

            <table. width="370" border="0" cellpadding="0" cellspacing="0">
  <%
    goodsql="select  top  8  ID,GoodsStyle,GoodsName,StartProvince,StartCity,
EndProvince,EndCity,Style,UserName from tb_GoodsMeg order by IssueDate desc";
    try{
    rs1=connection.executeQuery(goodsql);
    while(rs1.next()){
    gcode=rs1.getInt("ID");
    %>
            <tr>
              <td width="36" height="25"> </td>
              <td width="334"><a href="goods_xiangxi.jsp?id=<%=gcode%>">
              <%=rs1.getString("GoodsStyle")%>--<%=rs1.getString
("GoodsName")%>--<%=rs1.getString("StartProvince")%>--<%=rs1.getString("Start
City")%>--<%=rs1.getString("EndProvince")%>--<%=rs1.getString("EndCity") %>
                </a></td>
            </tr>
  <%
    }
    }catch(Exception e)
    {e.printStackTrace();}
    %>
            <tr>
            <td width="36" height="25"> </td>
            <td  width="334"  align="right"><a  href="goods_select.jsp">
```

```
 >>>更多信息   </a></td>
           </tr>
         </table>                    </td>
       </tr>
     </table>
     <table width="100" border="0" cellpadding="0" cellspacing="0">
      <tr>
       <td><img src="image/16.jpg" width="370" height="23"></td>
      </tr>
     </table>
     <table width="370" border="0" cellpadding="0" cellspacing="0"
background="image/17.jpg">
              <%
   sql="select top 8 Code,TradeMark,Brand,Style,CarLoad,TranspotStyle, UserName
from tb_CarMessage order by IssueDate desc";
    try
    {
    rs1=connection.executeQuery(sql);
    while(rs1.next())
    {
    code=rs1.getInt("Code");
    %>
        <tr>
          <td width="36" height="25"> </td>
          <td width="334"><a href="car_show.jsp?id=<%=code%>"><%=rs1.
getString("TradeMark")%>- -<%=rs1.getString("Brand")%> - -<%=rs1.getString
("Style")%>--<%=rs1.getString("CarLoad")%> 吨 --<%=rs1.getString ("Transpot
Style") %></td>
         </tr>
         <%
    }
    }catch(Exception e)
    {e.printStackTrace();}
    %>
        <tr>
          <td width="36" height="25"> </td>
          <td width="334" align="right"><a href="car_select.jsp"> >>>
更多信息   </a></td>
```

```
        </tr>
      </table>
      <table width="100" border="0" cellpadding="0" cellspacing="0">
        <tr>
          <td><img src="image/18.jpg" width="370" height="29"></td>
        </tr>
      </table>
      <table width="370" border="0" cellpadding="0" cellspacing="0"
background="image/19.jpg">
                <%
    sql="select  top  7  ID,EnterpriseSort,EnterpriseName,Operation,WorkArea,
Address,UserName from tb_Enterprise order by IssueDate desc";
     try
     {
      rs1=connection.executeQuery(sql);
     while(rs1.next())
     {
     code=rs1.getInt("ID");
     %>
          <tr>
            <td width="36" height="25"> </td>
            <td width="334"><a href="enterprise_show.jsp?id=<%=code%>"> <%=
rs1.getString("EnterpriseSort")%>--<%=rs1.getString("EnterpriseName")%>--<%
=rs1.getString("Operation")%>- -<%=rs1.getString("WorkArea")%>
                  </a>     </td>
          </tr>
          <%
     }
     }catch(Exception e)
     {e.printStackTrace();}
     %>
          <tr>
            <td width="36" height="25"> </td>
            <td width="334" align="right"><a href="enterprise_select.jsp">
 >>>更多信息   </a></td>
          </tr>
        </table></td><!--存放中间的代码-->
      <td valign="top" width="215" background="image/12.jpg"><jsp:include
```

```
page="right.jsp" flush="true" /></td>
    </tr>
  </table><jsp:include page="down.jsp" flush="true" />

  </body>
  </html>
```

14.4.5　用户登录功能实现

用户登录实现效果如图 14-38 所示。

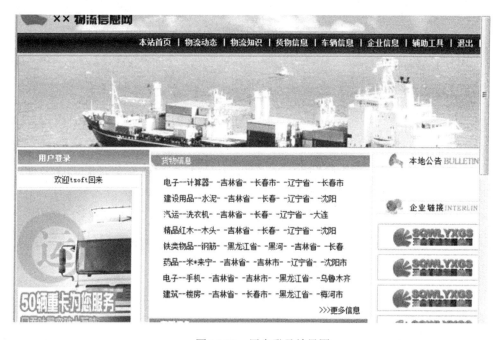

图 14-38　用户登录效果图

（1）修改前台 left.jsp 页面代码如下：

```
<%@ page contentType="text/html; charset=gb2312" language="java" import=
"java.sql.*" errorPage="" %>
  <meta http-equiv="Content-Type" content="text/html; charset=gb2312">
  <jsp:useBean id="connection" scope="page" class="com.wy.JDBConnection"/>
  <%
  String login=(String)session.getAttribute("login");
  String username=(String)session.getAttribute("name");
  String pow=(String)session.getAttribute("pow");
```

```
%>
    <table width="202" border="0" cellpadding="0" cellspacing="0">
        <tr>
          <td width="202"><img src="image/7.jpg" width="202" height="39">
</td>
        </tr>
    </table>


     <table width="202" border="0" cellpadding="0" cellspacing="0"
background="image/8.jpg" >
      <tr>
       <td>
    <%if(login==null || login==""){%><form method="POST" action="login_config.
jsp" name="form_u">
    <table width="91%" height="87" border="0" cellpadding="0" cellspacing=
"0">
          <tr>
            <td width="32%" height="30" align="center" valign="bottom"><div
align="right">用户名</div></td>
            <td width="68%" align="center" valign="bottom"><input name=
"name" type="text" size="16" maxlength="20"></td>
          </tr>
          <tr>
            <td height="30" align="center"><div align="right">密码</div>
</td>
            <td height="20" align="center"><input type="password" name=
"password" size="16" maxlength="20"></td>
          </tr>
          <tr>
            <td height="40" colspan="2" align="center" valign="middle">
             <input type="submit" value="提交" name="login" onClick="return
check1()">
             <input type="reset" value="重置"><br><br>
               <a href="register.jsp">新注册</a>
             <a href="found.jsp">找回密码</a></td>
          </tr>
        </table>
    </form>
```

```
<%}else if(login.equals("success")){%>
  <table width="92%" height="18" border="0" align="center" cellpadding="0"
cellspacing="0">
    <tr>
          <td  height="18" align="center">欢迎<%=username%>回来</td>
      </tr>
    </table>
<%}%>
<table width="100" border="0" cellpadding="0" cellspacing="0">
  <tr>
    <td><img src="image/9.jpg" width="201" height="5"></td>
  </tr>
</table>
</td>
  </tr>
</table><img src="image/111.jpg" >
```

（2）新建 login_config.jsp。

图 14-39　当前项目结构图

（3）编写 login_config.jsp 代码如下：

```
<%@ page contentType="text/html; charset=GBK" language="java"%>
<%@ page import="java.sql.*"%>
<jsp:useBean id="connection" scope="page" class="com.wy.JDBConnection"/>
<html>
```

```
<head>
<title>login_config</title>
</head>
<%
ResultSet rs=null;
request.setCharacterEncoding("gb2312");
String name=request.getParameter("name");
String password=request.getParameter("password");
if(name==""&&name==null&&password==""&&password==null)
{
%>
<jsp:forward page="index.jsp"/>
<%}
else{
try
{
String sql="select * from tb_Customer where Name='"+name+"' and Password=
'"+password+"'";
rs = connection.executeQuery(sql);
if(rs.next())
{
String Name=rs.getString("Name");
String pow=rs.getString("pow");
session.setAttribute("name",Name);
session.setAttribute("pow",pow);
session.setAttribute("login","success");
%>
<script language="javascript">
alert("登录成功！！！");
window.location.href="index.jsp";
</script>
<%
}
else
{
%>
<script language="javascript">
alert("登录失败！！！");
```

```
history.back();
</script>
<%
}
}catch(Exception e)
{
System.out.println("连接异常 login_config");
}
}
%>
<body bgcolor="#ffffff">
</body>
</html>
```

14.4.6　物流动态管理功能实现

1. 实现效果

物流动态管理功能的实现效果如图 14-40 所示，点击操作列的"详细"，可以查看详细信息(图 14-41)。

图 14-40　物流动态信息目录效果图

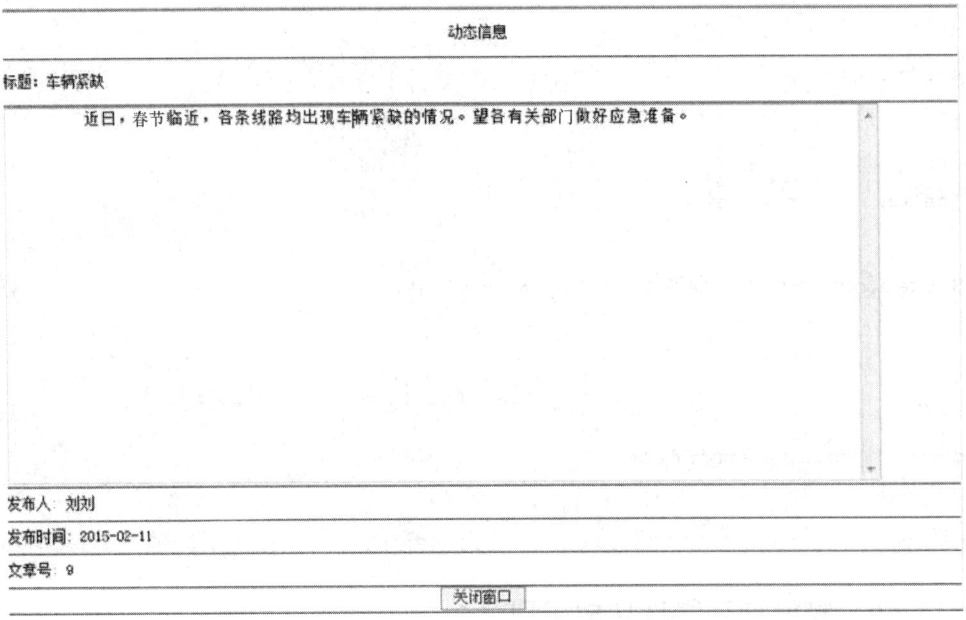

图 14-41　物流动态信息效果图

2. 实现步骤

（1）修改 top.jsp 代码如下：

```jsp
<%@ page contentType="text/html; charset=gb2312" language="java" %>
<%@ page import="java.util.*"%>
<meta http-equiv="Content-Type" content="text/html; charset=gb2312">
<jsp:useBean id="countTime" scope="page" class="com.wy.CountTime"/>
<table width="100%" border="0" align="center" cellpadding="0" cellspacing="0" >
  <tr>
   <td  height="80" align="center" background="image/1.jpg">

     <table height="80" border="0" cellpadding="0" cellspacing="0" background="image/2.jpg">
       <tr>
         <td width="787"></td>
       </tr>
     </table>

   </td>
```

```
    </tr>
  </table>
  <table width="100%" height="32" border="0" cellpadding="0" cellspacing="0"
background="image/3.jpg">
    <tr>
      <td><table width="786" border="0" align="center" cellpadding="0"
cellspacing="0" background="image/4.jpg">
        <tr>
          <th width="189" height="31" align="center">

            <%=countTime.currentlyTime()%> </th>
          <th width="597" height="31" align="center"><a href="index.jsp"
class="a1">本站首页</a> | <a href="active_select.jsp" class="a1">物
流动态</a> | <a href="knowledge_select.jsp" class="a1">物流知识
</a> | <a href="goods_select.jsp" class="a1">货物信息</a> 
| <a href="car_select.jsp" class="a1">车辆信息</a> | <a href=
"enterprise_select.jsp" class="a1">企业信息</a> | <a href="tool_
assistant.jsp" class="a1">辅助工具</a> | <a href="logout.jsp"
class="a1">退出</a> | <a href="Manager/index.jsp" class="a1">后台管
理</a></th>
        </tr>
      </table></td>
    </tr>
  </table>
  <table width="100%" height="115" border="0" cellpadding="0" cellspacing=
"0" background="image/5.jpg" >
    <tr>
      <td valign="top"><table width="787" height="151" border="0" align=
"center" cellpadding="0" cellspacing="0" background="image/6.jpg">
        <tr>
          <td><table width="585" align="right">
            <tr>
              <td width="577" height="109" valign="top">
            </td>
            </tr>
          </table></td>
        </tr>
      </table></td>
```

```
    </tr>
</table>
```

(2) 新建 active_select.jsp 和 active_show.jsp。

图 14-42　新建后项目结构图

(3) 编辑 active_select.jsp 代码如下：

```
<%@ page contentType="text/html; charset=gb2312" %>
<%@ page import="java.sql.*"%>
<jsp:useBean id="connection" scope="page" class="com.wy.JDBConnection"/>
<html>
<head>
<meta http-equiv="Content-Type" content="text/html; charset=gb2312">
<link rel="stylesheet" href="CSS/style.css">
<title>
placard page
</title>
</head>
<%!
ResultSet rs=null;
String sql;
int code;
```

```jsp
int pagesize=10;
int rowcount=0;
int pagecount=1;
%>

<body bgcolor="#ffffff">
<%
String login=(String)session.getAttribute("login");
String username=(String)session.getAttribute("name");
if(login==null)
{
%>
<script language="javascript">
alert("您还未登录，不能浏览详细信息！！！");
<%
response.sendRedirect("login.jsp");
%>
</script>
<%}
%><jsp:include page="top.jsp"/>
<table width="785" height="117" border="1" align="center" cellpadding="0"
cellspacing="0"bordercolor="#FFFFFF" bordercolordark="#333333"
bordercolorlight="#FFFFFF">
  <tr>
    <td height="38" align="center" colspan="6">动态信息</td>
  </tr>
  <tr>
    <td width="108" height="29" align="center">ID</td>
    <td width="108" height="29" align="center">标题</td>
    <td width="108" height="29" align="center">作者</td>
    <td width="209" height="29" align="center">发布日期</td>
    <td width="245" height="29" align="center">操作</td>
    </tr>
<%
sql="select ID,Title,Author,IssueDate from tb_logistics ";
try
{
rs=connection.executeQuery(sql);
```

```
if(!rs.next())
{
%>
<script language="javascript">
    alert("没有信息");
    history.back();
</script>
<%
}else
{
rs.last();
rowcount=rs.getRow();
int showpage=1;
pagecount=((rowcount%pagesize)==0?(rowcount/pagesize):(rowcount/pagesize
)+1);
 String topage=request.getParameter("topage");
if(topage!=null)
{
showpage=Integer.parseInt(topage);
if(showpage>pagecount){
  showpage=pagecount;
  }else if(showpage<=0){
  showpage=1;
  }
}
rs.absolute((showpage-1)*pagesize+1);
for(int i=1;i<=pagesize;i++)
{
code=rs.getInt("ID");
%>
 <tr>
    <td width="108" height="32" align="center"><%=code%></td>
    <td width="108" height="32" align="center"><%=rs.getString("Title")%>
</td>
    <td width="108" height="32" align="center"><%=rs.getString("Author")%>
</td>
    <td width="209" height="32" align="center"><%=rs.getDate
("IssueDate")%></td>
```

```
    <td width="245" height="32" align="center">
    <a
href="#"onClick="window.open('active_show.jsp?id=<%=code%>','','width=790,he
ight=530');">详细</a></td>
    </tr>
  <%
  if(!rs.next())
  break;
  }
  %>
  <tr>
    <td height="30" colspan="9" align="right">

<table width="786" align="center" cellpadding="0" cellspacing="0">
 <tr>
    <td width="786" height="30" colspan="9" align="right">
共<%=pagecount%>页  
      <a href="active_select.jsp?topage=<%=1%>">第一页</a>  
      <a href="active_select.jsp?topage=<%=showpage-1%>">上一页</a>
  
      <a href="active_select.jsp?topage=<%=showpage+1%>">下一页</a>
  
      <a href="active_select.jsp?topage=<%=pagecount%>">最后一页</a>
    </td>
  </tr>
  </table>
  </td>
    </tr>
  <%
  }
  }catch(Exception e)
  {e.printStackTrace();}
  %>
</table>
</body>
</html>
```

(4)编辑 active_show.jsp 代码如下：

```jsp
<%@ page contentType="text/html; charset=gb2312" language="java" import=
"java.sql.*" errorPage="" %>
<%@ page import="java.sql.*"%>
<jsp:useBean id="connection" scope="page" class="com.wy.JDBConnection"/>
<html>
<head>
<meta http-equiv="Content-Type" content="text/html; charset=gb2312">
<link rel="stylesheet" href="CSS/style.css">
<title></title>
</head>
<%!
String sql;
ResultSet rs=null;
int code;
%>
<body>
<table width="100%" height="444" border="1" cellpadding="0" cellspacing=
"0"bordercolor="#FFFFFF" bordercolordark="#333333" bordercolorlight=
"#FFFFFF">
  <tr>
    <td width="100%" height="39" align="center">动态信息</td>
  </tr>
<%
sql="select * from tb_logistics where ID="+request.getParameter("id");
try
{
rs=connection.executeQuery(sql);
if(rs.next())
{
code=rs.getInt("ID");
%>
  <tr>
    <td width="100%" height="37">标题:
<%=rs.getString("Title")%></td>
  </tr>
  <tr>
```

```jsp
    <td width="100%" height="36">
    <textarea rows="20" name="content" cols="100">
    <%=rs.getString("Content")%></textarea></td>
    </tr>
<tr>
<td width="100%" height="27">发布人:
<%=rs.getString("Author")%></td>
</tr>
<tr>
<td width="100%" height="27">发布时间:
<%=rs.getDate("IssueDate")%></td>
</tr>
<tr>
<td width="100%" height="27">文章号:
<%=code%></td>
</tr>
<%
}
}catch(Exception e)
{
e.printStackTrace();
}
%>
<tr><td width="100%" height="20" align="center">
<input type="button"onClick="window.close()" value="关闭窗口">
</td>
</tr>
</table>
</body>
</html>
```

14.4.7 物流知识管理功能实现

1. 实现效果

单击"物流知识"导航按钮,对物流知识信息进行浏览操作(图 14-43)。点击操作列目录其中一行,可以查看详细信息(图 14-44)。

图 14-43　物流知识目录图

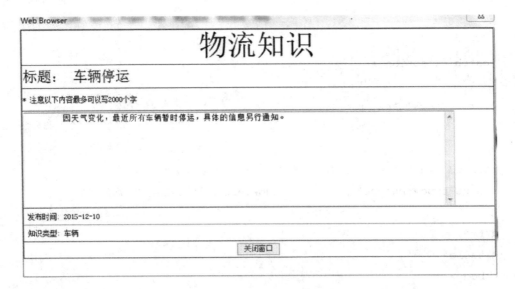

图 14-44　物流知识信息效果图

2. 实现步骤

（1）新建 knowledge_select.jsp 和 knowledge_show.jsp。

（2）参照物流动态浏览功能代码，完成 knowledge_select.jsp 和 knowledge_show. jsp 的代码编写工作。

14.4.8 进入后台页面

1. 实现效果

单击"管理"导航按钮,判断是否登录以及当前登录用户权限,若登录的账号权限不为 2,则不能进入管理页面。

2. 实现步骤

编辑 Manager 文件夹下的后台 index.jsp,代码如下:

```jsp
<%@ page contentType="text/html; charset=gb2312" %>
<html>
<head>
<meta http-equiv="Content-Type" content="text/html; charset=gb2312">
<link rel="stylesheet" href="../CSS/style.css">
<title>
Manager_index page
</title>
</head>
<body bgcolor="#ffffff">
<%
String login=(String)session.getAttribute("login");
String username=(String)session.getAttribute("name");
String pow=(String)session.getAttribute("pow");
String pow1="1";
if(login==null || pow.trim().equals(pow1))
{
%>
<script language="javascript">
alert("您未登录或权限不够");
window.location.href="../index.jsp";
</script>
<%
}
%>
<jsp:include page="mtop.jsp" flush="true"></jsp:include>


<table width="100%" height="31" border="0" cellpadding="0" cellspacing="0"
background="../image/bg-8.jpg" >
```

```
<tr>
    <td><div    align="center"><img    src="../image/bg-7.jpg"    width="793"
height="493"><%=pow%></div></td>
    </tr>
</table>
</body>
</html>
```

14.4.9 货物信息管理功能实现

1. 实现效果

单击"货物信息"导航按钮，可以查看所有货物信息和发布新的货物信息，同时可以对自己发布的货物信息进行修改和删除。

(1) 货物信息显示效果如图 14-45 所示。

图 14-45　货物信息目录图

(2) 货物信息发布显示效果如图 14-46 所示。

(3) 货物信息操作。点击"详细"操作，可以查看该货物的详细信息(图 14-47)，同时可以对自己发布的货物信息进行删改和删除。

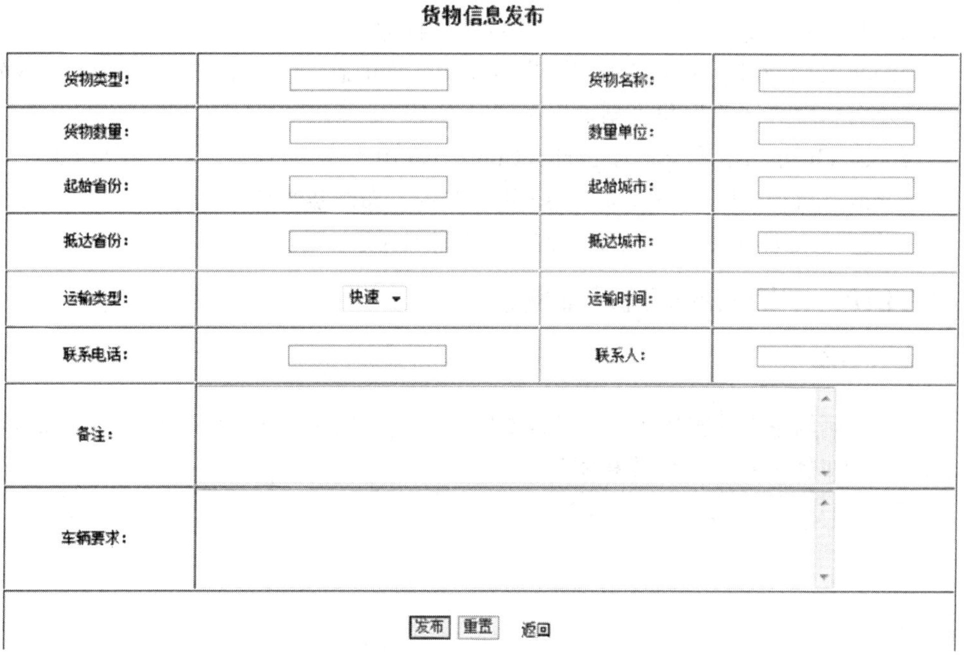

货物信息发布

货物类型:		货物名称:	
货物数量:		数量单位:	
起始省份:		起始城市:	
抵达省份:		抵达城市:	
运输类型:	快速 ▾	运输时间:	
联系电话:		联系人:	
备注:			
车辆要求:			

发布 重置 返回

图 14-46 发布货物信息效果图

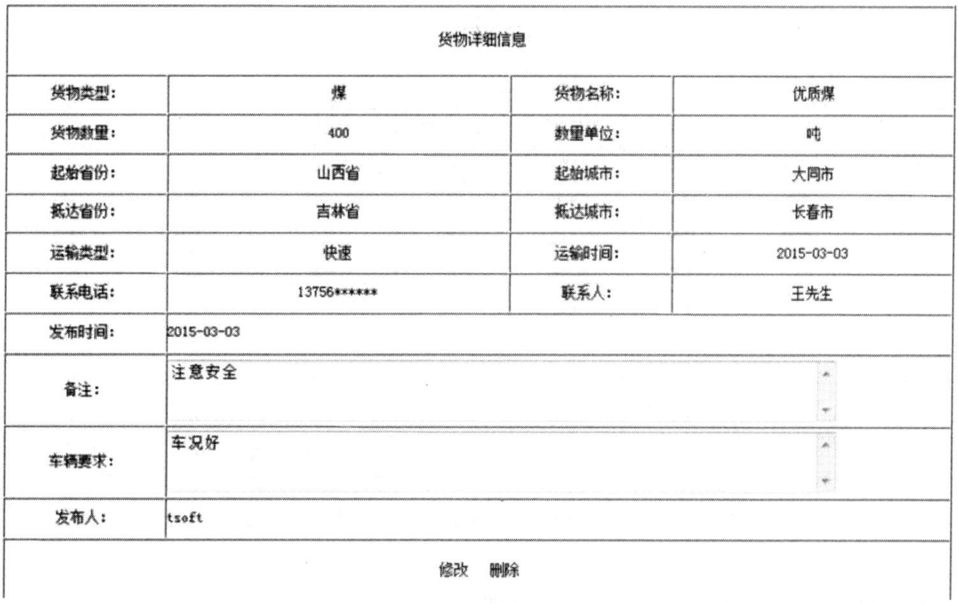

货物详细信息			
货物类型:	煤	货物名称:	优质煤
货物数量:	400	数量单位:	吨
起始省份:	山西省	起始城市:	大同市
抵达省份:	吉林省	抵达城市:	长春市
运输类型:	快速	运输时间:	2015-03-03
联系电话:	13756******	联系人:	王先生
发布时间:	2015-03-03		
备注:	注意安全		
车辆要求:	车况好		
发布人:	tsoft		
修改 删除			

图 14-47 货物信息效果图

2. 实现步骤

新 建 goods_select.jsp 、 goods_xiangxi.jsp 、 goods_config.jsp 、 goods_add.jsp 、 goods_change.jsp、goods_changeConfig.jsp、goods_delete.jsp 共 7 张页面。

（1）goods_select.jsp 用于显示所有的货物信息标题。

（2）goods_xiangxi.jsp 用于显示被选择货物的详细信息，当货物信息的发布人与登陆人相同时，才会出现"修改"和"删除"按钮。

（3）goods_change.jsp 和 goods_changeConfig.jsp 用于实现货物信息的修改功能。

（4）goods_add.jsp 和 goods_config.jsp 用于实现发布新货物信息功能。

（5）goods_delete.jsp 用于实现货物信息的删除功能。

14.4.10 车辆信息管理功能实现

1. 实现效果

单击"车辆信息"导航按钮，可以查看所有车辆信息和发布新的车辆信息，同时可以对自己发布的车辆信息进行修改和删除。

（1）车辆信息显示效果如图 14-48 所示。

车辆信息

发布信息…

车牌号码	车辆品名	车辆类型	车辆限量	已使用年限	驾驶员驾龄	运输类型	操作
吉A11	K货车	普通货车	100吨	1年	2年	长途	详细
吉AH432**	解放	车	34吨	3年	6年	长途	详细
吉A-36**	捷达	轿车	0.35吨	3年	5年	短途	详细
吉A-37**	面包	小车	0.5吨	3年	35年	短途	详细
吉AH5***	一气*威	重卡	900吨	2年	5年	长途	详细
吉QT4***	平柴	141	400吨	4年	5年	长途	详细
吉AW1***	一汽平柴	141	500吨	8年	8年	长途	详细
吉A-7***	长挂141	大车	2000吨	12年	5年	短途	详细

共1页　第一页　上一页　下一页　最后一页

图 14-48　车辆信息目录图

（2）车辆信息发布显示效果如图 14-49 所示。

（3）车辆信息操作。点击"详细"操作，可以查看该车辆的详细信息（图 14-50），同时可以对自己发布的车辆信息进行修改和删除。

车辆信息发布

车牌号码:		车辆类型:	
车辆品名:		车辆限重:	吨
已使用年限:		运输类型:	长途 ▾
驾驶员姓名:		驾驶证号码:	
驾驶员驾龄	年	驾驶类型:	A ▾
联系电话:		联系人:	
备注:			

发布 重置

图 14-49 发布车辆信息效果图

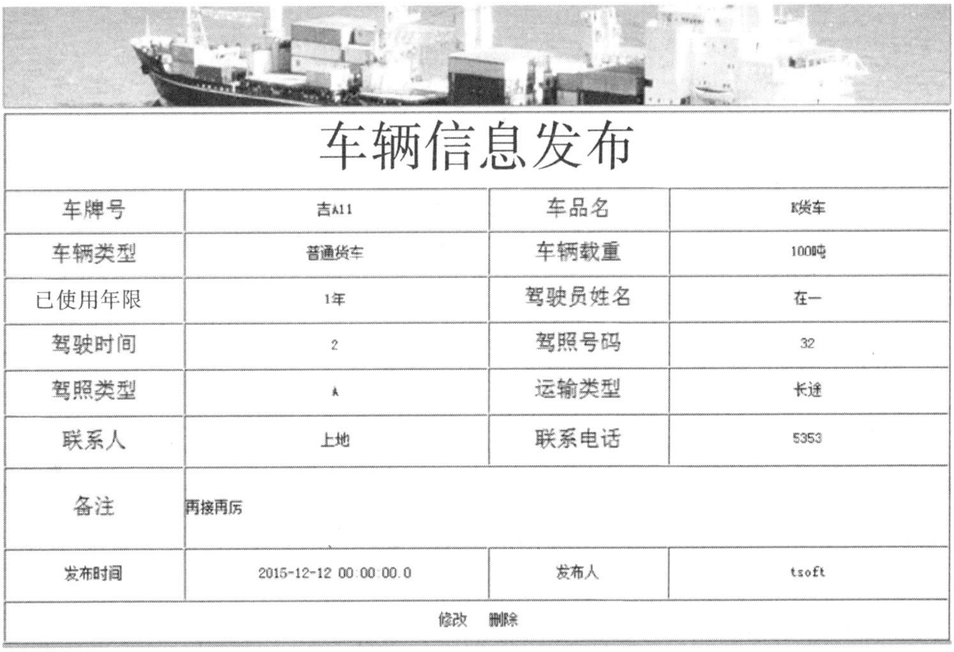

车辆信息发布

车牌号	吉A11	车品名	K货车
车辆类型	普通货车	车辆载重	1000吨
已使用年限	1年	驾驶员姓名	在一
驾驶时间	2	驾照号码	32
驾照类型	A	运输类型	长途
联系人	上地	联系电话	5353
备注	再接再厉		
发布时间	2015-12-12 00:00:00.0	发布人	tsoft
修改 删除			

图 14-50 车辆信息效果图

2. 实现步骤

新建 car_select.jsp、car_show.jsp、car_addConfig.jsp、car_add.jsp、goods_change.jsp、 car_changeConfig.jsp、car_delete.jsp 共 7 张页面。

（1）car_select.jsp 用于显示所有的车辆信息标题。

（2）car_show.jsp 用于显示被选择车辆的详细信息，当车辆信息的发布人与登陆人相同时，才会出现"修改"和"删除"按钮。

（3）car_change.jsp 和 car_changeConfig.jsp 用于实现车辆信息的修改功能。

（4）car_add.jsp 和 car_addConfig.jsp 用于实现发布车辆信息功能。

（5）car _delete.jsp 用于实现车辆信息的删除功能。

14.4.11 企业信息

1. 实现效果

单击"企业信息"导航按钮，可以查看所有的企业信息和发布新的企业信息，同时可以对自己发布的企业信息进行修改和删除。

（1）企业信息显示效果如图 14-51 所示。

图 14-51 企业信息目录图

（2）企业信息发布显示效果如图 14-52 所示。

（3）企业信息操作。点击"详细"操作，可以查看该企业的详细信息（图 14-53），同时可以对自己发布的企业信息进行修改和删除。

图 14-52　发布企业信息效果图

图 14-53　企业信息效果图

2. 实现步骤

新建 enterprise_select.jsp、enterprise_show.jsp、enterprise_addConfig.jsp、enterprise_add.jsp、enterprise_change.jsp、enterprise_changeConfig.jsp、enterprise_delete.jsp 共 7 张页面。

(1)enterprise_select.jsp 用于显示所有的企业信息标题。

(2) enterprise_show.jsp 用于显示被选择企业的详细信息，当企业信息的发布人与登录人相同时，才会出现"修改"和"删除"按钮。

(3) enterprise_change.jsp 和 enterprise_changeConfig.jsp 用于实现企业信息的修改功能。

(4) enterprise_add.jsp 和 enterprise_addConfig.jsp 用于实现发布企业信息功能。

(5) enterprise_delete.jsp 用于实现企业信息的删除功能。

14.4.12 后台物流动态管理功能实现

1. 实现效果

单击"物流动态管理"导航按钮，可以对物流动态信息进行添加、修改及删除。

(1) 所有的物流动态信息显示效果如图 14-54 所示。

图 14-54 后台物流信息目录效果图

(2) 点击"修改"操作，修改指定的物流动态信息(图 14-55)。

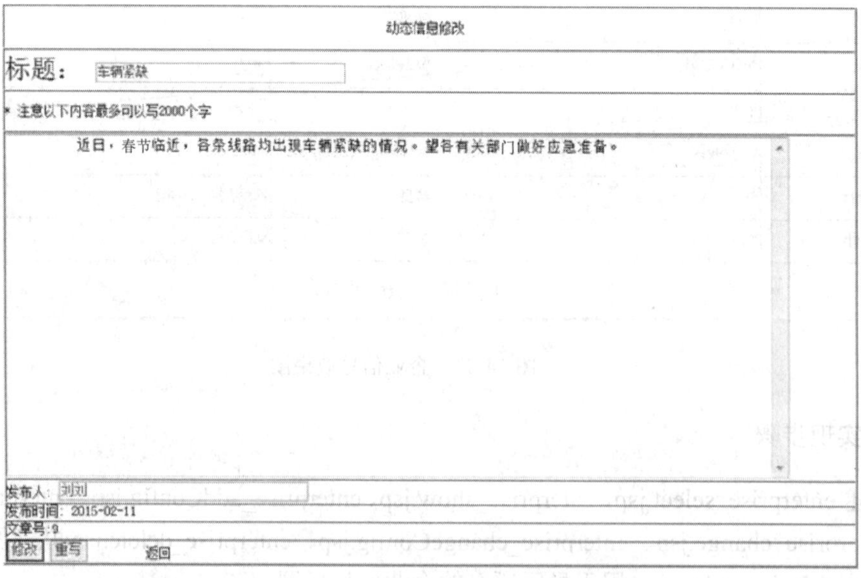

图 14-55 后台修改物流信息效果图

（3）点击"删除"操作，删除指定的物流动态信息（图 14-56）。

图 14-56　后台删除物流信息效果图

（4）点击发布动态信息显示效果如图 14-57 所示。

图 14-57　发布物流信息效果图

2. 实现步骤

在 Manager 文件夹中新建 active_select.jsp、active_show.jsp、active_add.jsp、active_delete.jsp、active_config.jsp 和 active_chageConfig.jsp 共 6 张 jsp 页面。

（1）active_select.jsp 用于显示目前拥有的动态信息。

(2) active_show.jsp 和 active_chageConfig.jsp 用于实现修改动态信息。

(3) active_add.jsp 和 active_config.jsp 用于实现添加新动态信息。

(4) active_delete.jsp 用于实现删除动态信息。

14.4.13 后台物流知识管理功能实现

1. 实现效果

单击"物流知识管理"导航按钮，可以对物流知识进行添加、修改及删除。

(1) 所有物流知识信息的显示效果如图 14-58 所示。

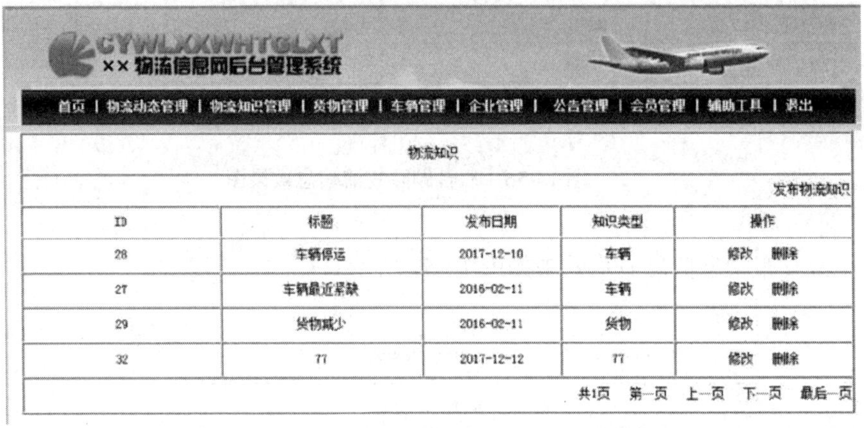

图 14-58　后台物流知识目录效果图

(2) 点击"修改"操作，修改指定的物流知识信息 (图 14-59)。

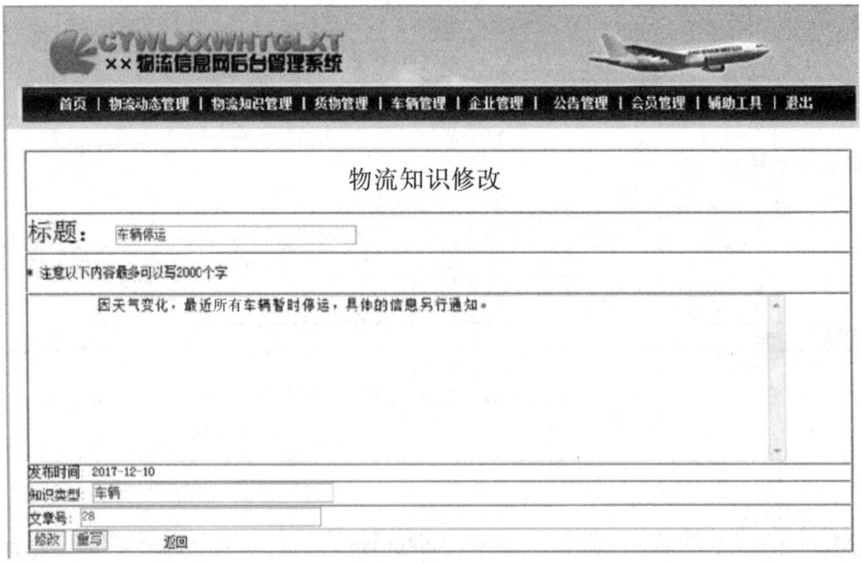

图 14-59　后台修改物流知识效果图

(3)点击发布动态信息，发布新的物流知识信息(图 14-60)。

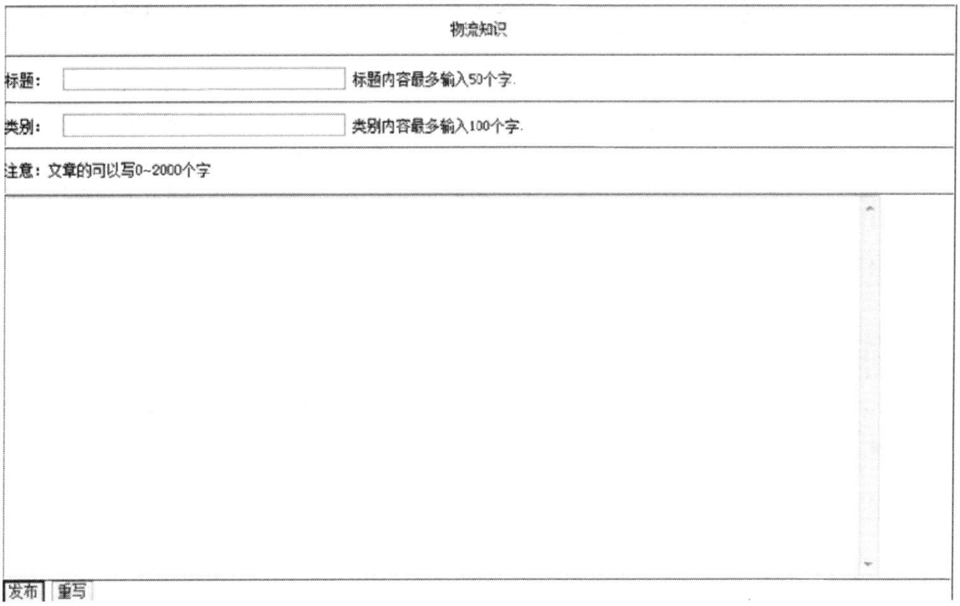

图 14-60 后台发布物流知识效果图

2. 实现步骤

在 Manager 文件夹中新建 knowledge_select.jsp、knowledge_show.jsp、knowledge_add.jsp、knowledge_delete.jsp、knowledge_addConfig.jsp 和 knowledge_chage Config.jsp 共 6 张 jsp 页面。

(1)knowledge_select.jsp 用于显示目前拥有的物流知识信息。

(2)knowledge _show.jsp 和 knowledge _chageConfig.jsp 用于实现修改物流知识信息。

(3)knowledge _add.jsp 和 knowledge _addConfig.jsp 用于实现添加新物流知识信息。

(4)knowledge _delete.jsp 用于实现删除物流知识信息。

14.4.14 后台货物管理功能实现

1. 实现效果

单击"货物管理"导航按钮，可以对所有的货物信息进行浏览、修改及删除。

(1)货物信息显示效果如图 14-61 所示。

(2)信息操作。点击"详细"操作,可以看到货物详细信息及进行修改或删除(图 14-62)。

(3)点击"删除"按钮，可以删除该条货物信息。

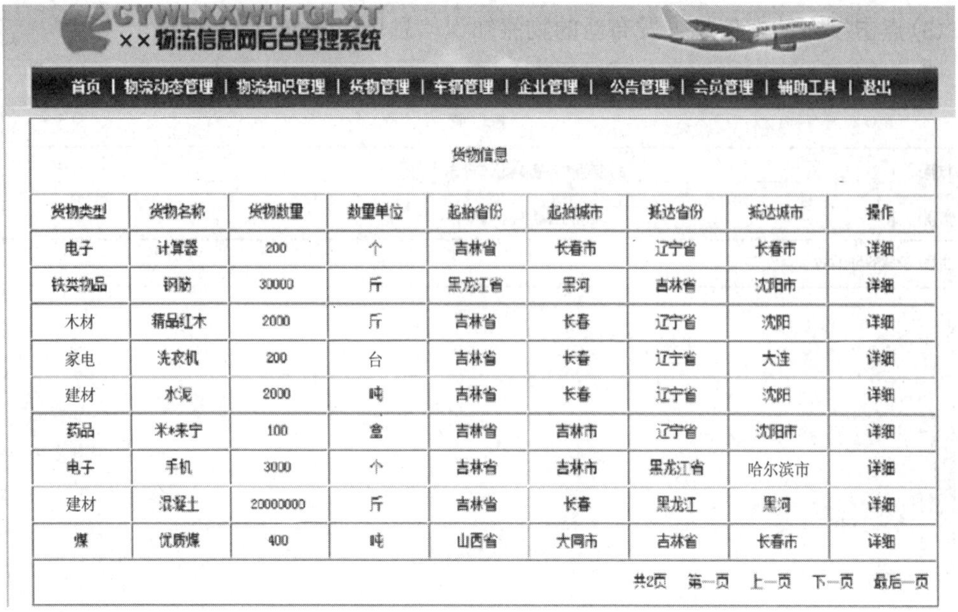

货物信息

货物类型	货物名称	货物数量	数量单位	起始省份	起始城市	抵达省份	抵达城市	操作
电子	计算器	200	个	吉林省	长春市	辽宁省	长春市	详细
铁类物品	钢筋	30000	斤	黑龙江省	黑河	吉林省	沈阳市	详细
木材	精品红木	2000	斤	吉林省	长春	辽宁省	沈阳	详细
家电	洗衣机	200	台	吉林省	长春	辽宁省	大连	详细
建材	水泥	2000	吨	吉林省	长春	辽宁省	沈阳	详细
药品	米*来宁	100	盒	吉林省	吉林市	辽宁省	沈阳市	详细
电子	手机	3000	个	吉林省	吉林市	黑龙江省	哈尔滨市	详细
建材	混凝土	20000000	斤	吉林省	长春	黑龙江	黑河	详细
煤	优质煤	400	吨	山西省	大同市	吉林省	长春市	详细

共2页 第一页 上一页 下一页 最后一页

图 14-61 后台货物信息目录效果图

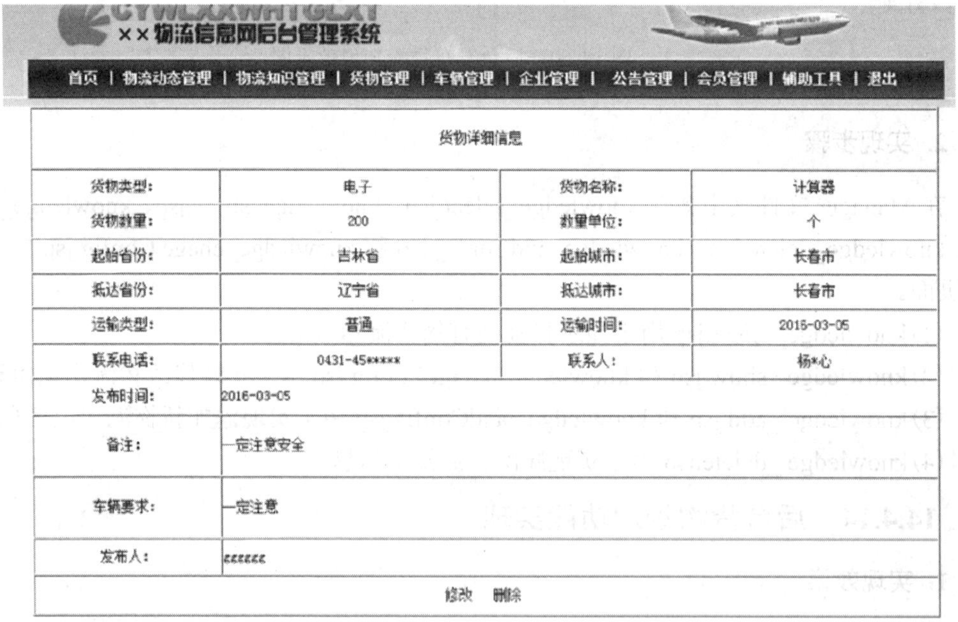

货物详细信息

货物类型：	电子	货物名称：	计算器
货物数量：	200	数量单位：	个
起始省份：	吉林省	起始城市：	长春市
抵达省份：	辽宁省	抵达城市：	长春市
运输类型：	普通	运输时间：	2016-03-05
联系电话：	0431-45*****	联系人：	杨*心
发布时间：	2016-03-05		
备注：	一定注意安全		
车辆要求：	一定注意		
发布人：	zzzzzz		

修改 删除

图 14-62 后台货物详细信息效果图

2. 实现步骤

在 Manager 文件夹中新建 goods_select.jsp、goods_xiangxi.jsp、goods_change.jsp、goods_delete.jsp 和 goods_chageConfig.jsp 共 5 张 jsp 页面。

(1) goods_select.jsp 用于显示目前拥有的货物信息。

(2) goods_xiangxi.jsp 用于查看货物的详细信息和相关操作。

(3) goods _ change.jsp 和 goods _chageConfig.jsp 用于实现修改货物信息。
(4) goods _delete.jsp 用于实现删除货物信息。

14.4.15 后台车辆管理功能实现

1. 实现效果

单击“车辆管理”导航按钮，可以对车辆信息进行添加、修改及删除。

(1) 车辆信息显示效果如图 14-63 所示。

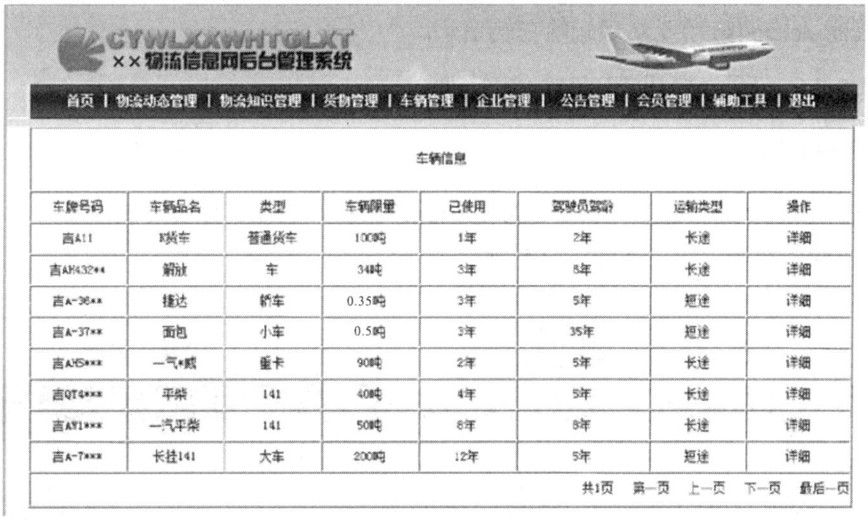

车牌号码	车辆品名	类型	车辆限量	已使用	驾驶员驾龄	运输类型	操作
吉A11	X货车	普通货车	100吨	1年	2年	长途	详细
吉AH432**	解放	车	34吨	3年	8年	长途	详细
吉A-36**	捷达	轿车	0.35吨	3年	5年	短途	详细
吉A-37**	面包	小车	0.5吨	3年	35年	短途	详细
吉AH5***	一气*威	重卡	90吨	2年	5年	长途	详细
吉QT4***	平柴	141	40吨	4年	5年	长途	详细
吉AY1***	一汽平柴	141	50吨	8年	8年	长途	详细
吉A-7***	长挂141	大车	200吨	12年	5年	短途	详细

图 14-63 后台车辆信息目录效果图

(2) 车辆信息操作。点击“详细”操作，可以看到车辆详细信息及修改或删除(图 14-64)。

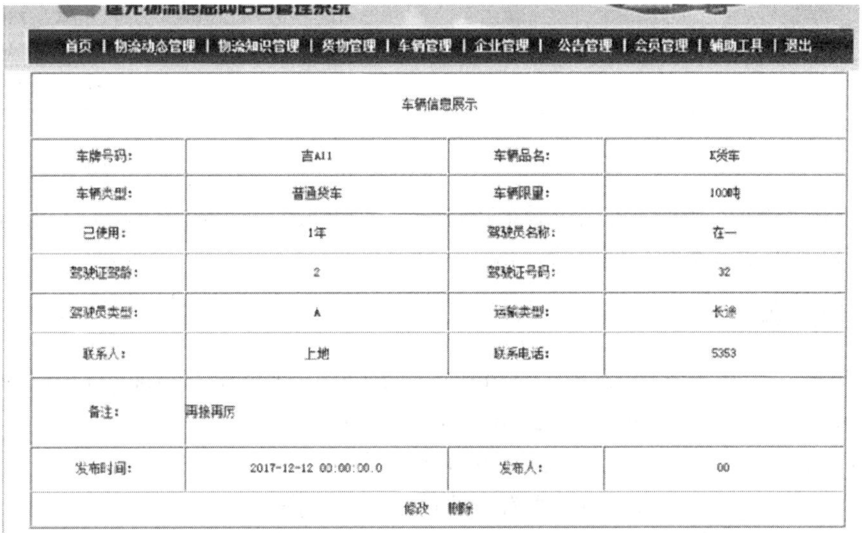

车牌号码:	吉A11	车辆品名:	I货车
车辆类型:	普通货车	车辆限量:	100吨
已使用:	1年	驾驶员名称:	在一
驾驶证驾龄:	2	驾驶证号码:	32
驾驶员类型:	A	运输类型:	长途
联系人:	上地	联系电话:	5353
备注:	再接再厉		
发布时间:	2017-12-12 00:00:00.0	发布人:	00

图 14-64 后台车辆信息效果图

(3)点击“删除”按钮，可以删除该条车辆信息。

2. 实现步骤

在Manager文件夹中新建car_select.jsp、car_xiangxi.jsp、car_change.jsp、car_delete.jsp和car_chageConfig.jsp共5张jsp页面。

(1)car_select.jsp用于显示目前拥有的车辆信息。

(2)car_xiangxi.jsp用于查看车辆的信息和相关操作。

(3)car_ change.jsp和car_chageConfig.jsp用于实现修改车辆信息。

(4)car_delete.jsp用于实现删除车辆信息。

14.4.16 后台企业管理功能实现

1. 实现效果

单击“企业管理”导航按钮，可以对企业信息进行添加、修改及删除。

(1)企业信息显示效果如图14-65所示。

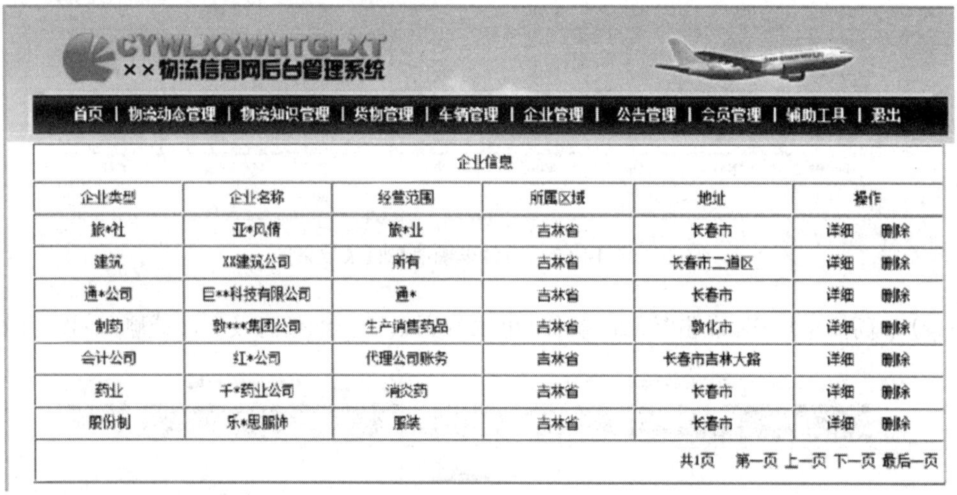

企业信息

企业类型	企业名称	经营范围	所属区域	地址	操作
旅*社	亚*风情	旅*业	吉林省	长春市	详细 删除
建筑	XX建筑公司	所有	吉林省	长春市二道区	详细 删除
通*公司	巨**科技有限公司	通*	吉林省	长春市	详细 删除
制药	敦***集团公司	生产销售药品	吉林省	敦化市	详细 删除
会计公司	红*公司	代理公司账务	吉林省	长春市吉林大路	详细 删除
药业	千*药业公司	消炎药	吉林省	长春市	详细 删除
股份制	乐*思服饰	服装	吉林省	长春市	详细 删除

共1页 第一页 上一页 下一页 最后一页

图14-65 后台企业信息目录效果

(2)点击“详细”操作，可以查看车辆详细信息和修改或删除(图14-66)，点击“删除”按钮，可以删除该条企业信息。

2. 实现步骤

在Manager文件夹中新建enterprise_select.jsp、enterprise_xiangxi.jsp、enterprise _delete.jsp和enterprise _chageConfig.jsp共4张jsp页面。

(1)enterprise _select.jsp用于显示目前拥有的企业信息。

(2)enterprise _xiangxi.jsp用于查看企业信息和相关操作。

(3)car_chageConfig.jsp用于实现修改企业信息。

(4)enterprise _delete.jsp用于实现删除企业信息。

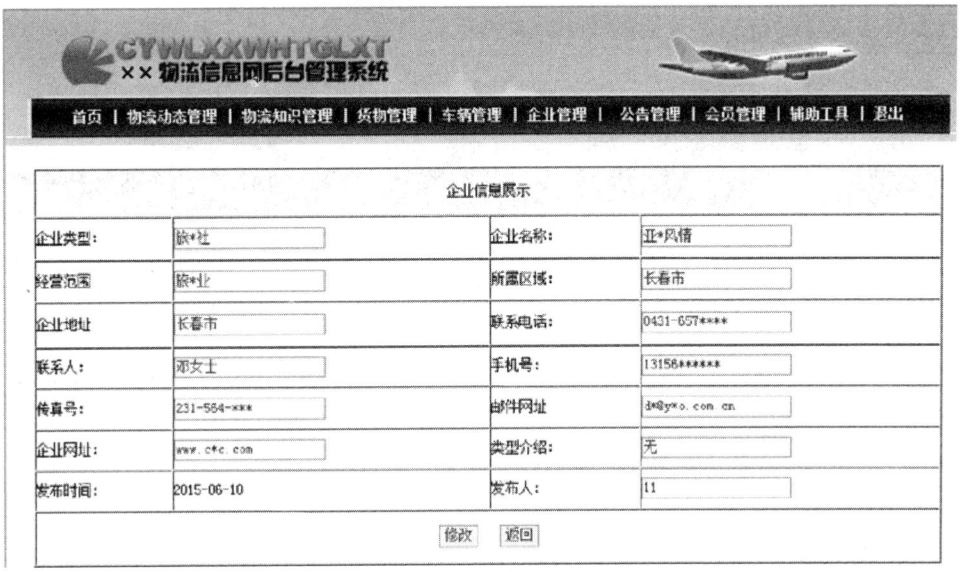
CYWLXXWHTGLXT
××物流信息网后台管理系统
首页 | 物流动态管理 | 物流知识管理 | 货物管理 | 车辆管理 | 企业管理 | 公告管理 | 会员管理 | 辅助工具 | 退出
企业信息展示
企业类型: 旅*社
企业名称: 亚*风情
经营范围 旅*业
所属区域: 长春市
企业地址 长春市
联系电话: 0431-657****
联系人: 邓女士
手机号: 13158******
传真号: 231-564-***
邮件网址 d*@y*o.com.cn
企业网址: www.c*c.com
类型介绍: 无
发布时间: 2015-06-10
发布人: 11
修改 返回

图 14-66　后台修改企业信息效果

14.4.17　后台公告管理功能实现

1. 实现效果

单击“公告管理”导航按钮，可以对公告信息进行添加、修改及删除。

(1) 公告信息显示效果如图 14-67 所示。

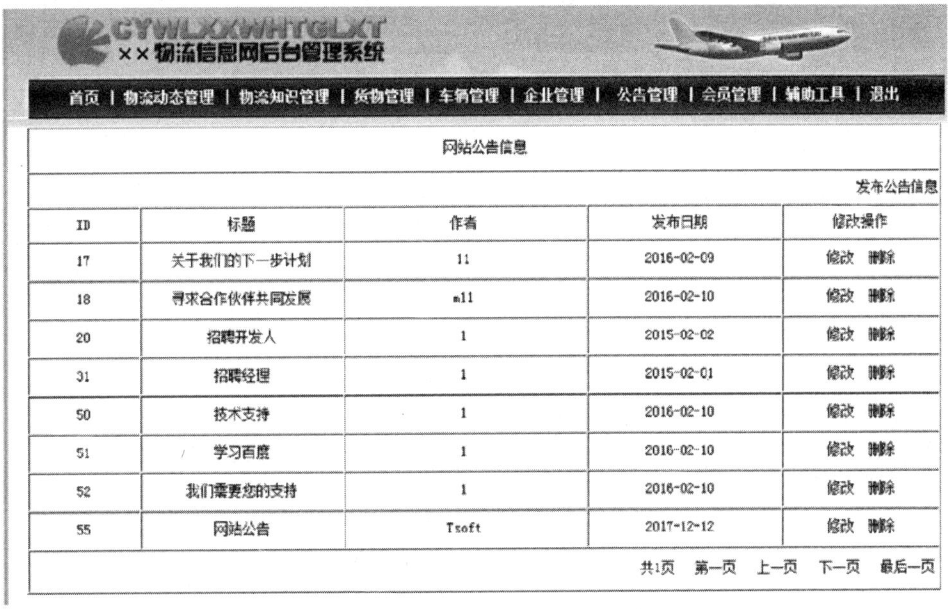
CYWLXXWHTGLXT
××物流信息网后台管理系统
首页 | 物流动态管理 | 物流知识管理 | 货物管理 | 车辆管理 | 企业管理 | 公告管理 | 会员管理 | 辅助工具 | 退出
网站公告信息
发布公告信息
ID 标题 作者 发布日期 修改操作
17 关于我们的下一步计划 11 2016-02-09 修改 删除
18 寻求合作伙伴共同发展 m11 2016-02-10 修改 删除
20 招聘开发人 1 2015-02-02 修改 删除
31 招聘经理 1 2015-02-01 修改 删除
50 技术支持 1 2016-02-10 修改 删除
51 学习百度 1 2016-02-10 修改 删除
52 我们需要您的支持 1 2016-02-10 修改 删除
55 网站公告 Tsoft 2017-12-12 修改 删除
共1页 第一页 上一页 下一页 最后一页

图 14-67　公告信息目录效果图

(2)公告信息发布显示效果如图 14-68 所示。

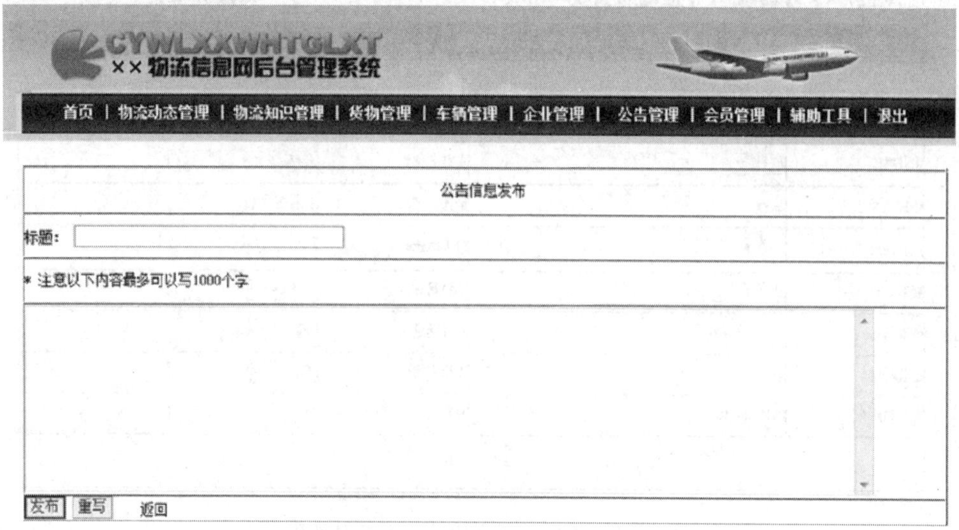

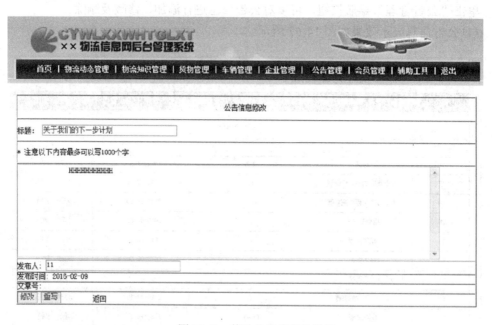

图 14-68　发布公告信息效果图

(3)公告信息操作：①点击"修改"按钮，可以修改该公告的详细信息(图 14-69)；②点击"删除"按钮，可以删除该条公告。

图 14-69　修改公告信息效果图

2. 实现步骤

在 Manager 文件夹中新建 placard_select.jsp、placard_add.jsp、placard_showConfig.jsp、 placard_delete.jsp、placard_change.jsp 和 placard_changeConfig.jsp 共 6 张 jsp 页面。

(1) placard_select.jsp 用于显示所有的公告信息标题。

(2) placard_add.jsp 和 placard_showConfig.jsp 用于发布新公告。

(3) placard_change.jsp 和 placard_changeConfig.jsp 用于实现修改公告信息。

(4) placard_delete.jsp 用于实现删除公告信息。

14.4.18 后台会员管理功能实现

1. 实现效果

单击"会员管理"导航按钮，可以对会员信息进行修改、删除。

(1) 会员信息显示效果如图 14-70 所示。

图 14-70 会员资料信息目录效果图

(2) 会员信息操作：①点击"修改"按钮，可以修改该会员的详细信息（图 14-71）；②点击"删除"按钮，可以删除该条会员信息。

2. 实现步骤

在 Manager 文件夹中新建 member_select.jsp、member_delete.jsp、member_change.jsp 和 member_changeConfig.jsp 共 4 张 jsp 页面。

(1) member_select.jsp 用于显示所有的会员信息目录。

(2) member_change.jsp 和 member_changeConfig.jsp 用于实现修改会员信息。

(3) member_delete.jsp 用于实现删除会员信息。

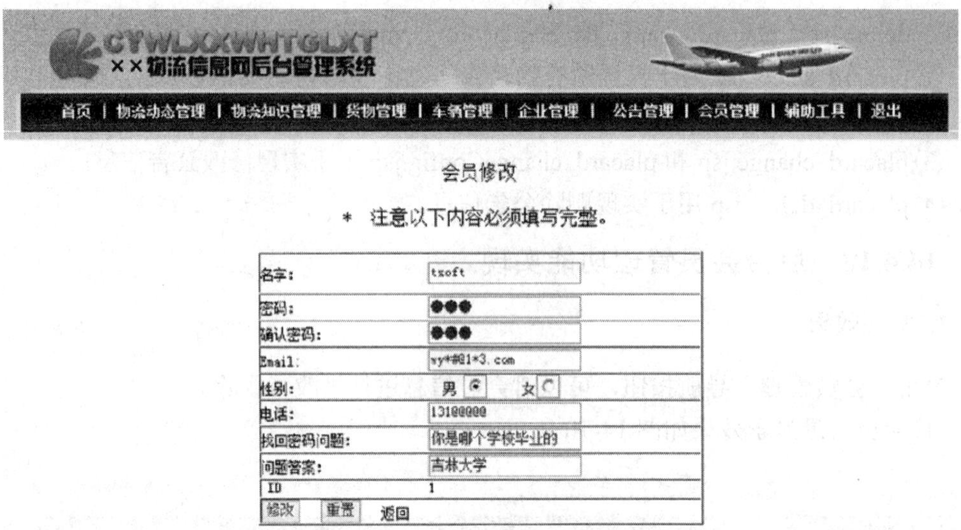

会员修改

* 注意以下内容必须填写完整。

名字：	txoft
密码：	●●●
确认密码：	●●●
Email:	vy*#@1*3.com
性别：	男 ⊙ 女 ○
电话：	13100000
找回密码问题：	你是哪个学校毕业的
问题答案：	吉林大学
ID	1

修改　重置　返回

图 14-71　修改会员信息效果图

14.5　本　章　小　结

　　本章详细介绍了物流信息网站项目功能和开发流程，读者学习本章后能够独立完成 Java Web 项目的开发，但本项目只使用了简单的 JSP 技术，读者可以在此基础上自行修改为 JavaBean+Servlet 来开发。

参 考 文 献

[1]王爱国, 关春喜.Java 面向对象程序设计[M]. 北京: 机械工业出版社, 2014.

[2]马俊, 范玫.Java 语言面向对象程序设计[M]. 第 2 版. 北京: 清华大学出版社, 2014.

[3]耿祥义, 张跃平.Java 面向对象程序设计[M]. 第 2 版. 北京: 清华大学出版社, 2014.

[4]邹蓉.Java 面向对象程序设计[M]. 北京: 机械工业出版社, 2014.

[5]张勇.Java 程序设计与实践教程[M]. 北京: 人民邮电出版社, 2014.

[6]段新娥, 贾宗维.Java 程序设计教程[M]. 北京: 人民邮电出版社, 2014.

[7]董洋溢.Java 程序设计实用教程[M]. 北京: 机械工业出版社, 2014.

[8]丁振凡.Java 语言程序设计[M]. 第 2 版. 北京: 清华大学出版社, 2014.

[9]陈圣国, 王葆红.Java 程序设计[M]. 第 3 版. 西安: 西安电子科技大学出版社, 2014.

[10]梁燕来, 程裕强.Java 面向对象程序设计[M]. 北京: 人民邮电出版社, 2013.

[11]翁恺, 肖少拥.Java 语言程序设计教程[M]. 第 2 版. 杭州. 浙江大学出版社, 2013.

[12]辛运帏.Java 程序设计[M]. 第 3 版. 北京: 清华大学出版社, 2013.

[13]陈国君.Java 程序设计基础[M]. 第 4 版. 北京: 清华大学出版社, 2013.

[14]印旻, 王行言.Java 语言与面向对象程序设计[M]. 第 2 版. 北京: 清华大学出版社, 2013.

[15]韩雪.Java 面向对象程序设计[M]. 第 2 版. 北京: 人民邮电出版社, 2012.

[16]李芝兴.Java 程序设计之网络编程基础教程[M]. 北京: 清华大学出版社, 2012.

[17]吴倩, 林原, 李霞丽.Java 语言程序设计: 面向对象的设计思想与实践[M]. 北京: 机械工业出版社, 2012.

[18]明日科技.Java Web 从入门到精通[M]. 第 2 版. 北京: 清华大学出版社, 2017.

[19]常倬林.Java Web 从入门到精通[M]. 北京: 机械工业出版社, 2011.

[20]贾志诚, 王云.JSP 程序设计[M]. 北京: 人民邮电出版社, 2016.

[21]马月坤, 赵全明.Java Web 程序设计与开发[M]. 北京: 清华大学出版社, 2016.

[22]李宁.Java Web 编程实战宝典[M]. 北京: 清华大学出版社, 2014.

[23]孙卫琴.Tomcat 与 Java Web 开发技术详解[M]. 第 2 版. 北京: 清华大学出版社, 2014.

[24]刘嵩.Java Web 项目开发实训教程[M]. 北京: 中国水电水利出版社, 2015.

[25]Martin Kalin.Java Web 服务构建与运行[M]. 卢涛, 李颖, 译. 第 2 版. 北京: 电子工业出版社, 2014.

[26]张丽.Java Web 应用详解[M]. 北京: 北京邮电大学出版社, 2015.

[27]于曦, 鄢涛, 李丹.Java Web 程序设计[M]. 北京: 科学出版社, 2018.

[28]林龙.JSP+Servlet+Tomcat 应用开发从零开始学[M]. 北京: 清华大学出版社, 2018.

[29]孙华林. 构建 Web 应用系统 基于 JSP+Servlet+JavaBean[M]. 第 2 版. 北京: 机械工业出版社, 2018.

参 考 文 献